ULTIMI ATTIMI

di

Giuliomaria Garbellotto

L'uomo deve elevarsi

al di sopra della Terra

verso la cima dell'atmosfera e oltre,

perché solo così

comprenderà pienamente

il mondo in cui vive.

Socrate

INTRODUZIONE

Ultimi Attimi nasce nell'estate 2020 come podcast distribuito nelle principali piattaforme a livello internazionale. Quello che il lettore troverà in questo libro non è però un adattamento, bensì il lavoro primigenio che sta alla base delle registrazioni stesse.

L'obiettivo di *Ultimi Attimi* è quello di ripercorrere – attraverso ricostruzioni, prove documentali, registrazioni e testimonianze – alcuni dei più importanti incidenti e disastri aerei della storia.

Si è scelto di narrarli mescolando descrizione dei fatti e storie di chi c'era, ma sempre cercando di rimanere fedeli ad una ricostruzione il più oggettiva possibile degli accadimenti.

I nomi che troverà il lettore sono quelli reali, così come i riferimenti temporali. Laddove non vi fosse certezza, a causa per esempio della mancanza di testimonianze o dati, sono state utilizzate ipotesi investigative certificate.

I discorsi diretti sono per la maggior parte trascrizioni – totali o parziali – delle registrazioni di bordo, o riportati da testimoni e sopravvissuti. Laddove si scrive di pensieri e stati d'animo, si è fatto riferimento, per quanto possibile e magari parafrasando, a interviste dirette. Per alcuni episodi si è reso necessario ricorrere ad una ricostruzione immaginaria dello scenario, ma anche in questi casi ci si è rivolti a fonti che potessero confermarne la plausibilità.

Ovunque sia espresso un parere – riguardante, per esempio, la colpevolezza di qualcuno –, questo è derivato dalle indagini che susseguono ogni incidente.

Si è cercato infine di utilizzare un linguaggio comprensibile anche ai non appassionati di aereonautica, senza perdere però alcuni termini e locuzioni senza le quali certi accadimenti perderebbero di senso. I termini tecnici sono comunque spiegati nelle note, per permettere a tutti di seguire il racconto e, perché no, imparare cose nuove riguardanti un mondo complesso ed affascinante.

Attraverso i QR code posti accanto ad ogni titolo si possono ascoltare i vari episodi, laddove presenti nel podcast.

Sommario

UN GIOCO MORTALE Volo Aeroflot 593 5

SOLO IL CIELO ATTORNO A ME Volo Aloha Airlines 243 13

PANICO MORTALE Volo Filair LET L-410 24

UNA STORIA ITALIANA Volo TWA 85 35

LOTTARE PER SOPRAVVIVERE Volo FedEx 705 57

MA ORA NON IMPORTA PIÚ Volo Germanwings 9525 71

L'AEREO FANTASMA Volo Helios 522 84

INFERNO DI FUOCO Volo Hindemburg LZ-129 95

MIRACOLO DI NATALE Volo LANSA 508 107

MAMBA OUT Volo 72-EX 127

SCACCO MATTO ALL'FBI Volo Northwest Orient Airlines 305 ... 140

INCOMPRENSIONE FATALE Voli Pan Am 1736 & KLM 4805.. 153

SFIDARE L'IMPOSSIBILE Volo United Airlines 232 170

VESNA CHE VENNE DAL CIELO Volo JAT 367 185

LA CADUTA DEGLI DEI Volo AirFrance 4590 202

SCANSIONA IL CODICE
PER ASCOLTARE

UN GIOCO MORTALE

Volo Aeroflot 593

La mano destra del pilota Yaroslav Vladimirovich Kudrinsky si allunga sulla manopola centrale del sistema di navigazione. Ruota a sinistra, passando da un valore di 100 a uno di 90, indicando al pilota automatico di deviare di 10 gradi

"GLINKA" FOTOGRAFATO NEL MARZO 1993

dalla sua rotta prefissata verso Honk Kong. L'aereo, un Airbus A310 della compagnia russa Aeroflot, si inclina dolcemente verso sinistra.

"Hai visto Yana? Hai fatto virare l'aereo!"

Il sorriso eccitato della dodicenne seduta al posto di comando contrasta con il buio della notte, punteggiata da stelle e dalle luci delle città, undicimila metri sotto di loro.

"Che bello, papà!"

Mancano pochi minuti allo scoccare delle 21 del 23 marzo 1994. L'aeromobile, a cui era stato dato il nome di Glinka – onorando il noto compositore –, era partito dall'aeroporto di Mosca con una rotta pressoché diretta fino a Hong Kong. A bordo ci sono 75 persone, tra passeggeri ed equipaggio.

La composizione dei viaggiatori è particolare, però: oltre a 23 "stranieri", per lo più uomini d'affari di Hong Kong e Taiwan, ben 30 sono impiegati Aeroflot o loro famigliari, che questa sera approfittano degli sconti offerti dalla compagnia per un viaggio di piacere.

Il capitano è Andrey Viktorovich Danilov, che però ha ceduto i comandi a due esperti colleghi: il primo ufficiale Igor Vasilyevich Piskaryov, e il 39enne Kudrinsky.

Quest'ultimo, nei giorni precedenti al volo, era particolarmente felice: avrebbe infatti portato per la prima volta i suoi figli, Yana ed Eldar, in un volo internazionale e, inoltre, tra i passeggeri, ci sarebbe stato anche il suo collega e amico Vladimir Makarov. E poi, qualche giorno nella caotica ma splendida Hong Kong...

Sono le ore 20.50. L'aereo è ad altitudine e velocità di crociera, 31 mila piedi e 290 miglia orarie. Makarov bussa alla porta, e si presenta con i due figli di Kudrinsky, raggianti. Anche il padre lo è: quanto è bello poter condividere un lavoro così particolare con quei figli, che troppo spesso non lo hanno visto a recite e competizioni scolastiche?

La cabina ora è affollata: oltre a Kudrinsky e Piskaryov, gli unici autorizzati, ci sono anche i tre passeggeri. "Non mettetevi a correre in giro, se no perdiamo il lavoro! Yana, siediti sul mio sedile. Guardati attorno... guarda quanto è bello... Ecco, prova a muovere la cloche".

La giovane ragazza non può capire che con il pilota automatico inserito non è lei a direzionare il velivolo, ma, con il trucchetto di modificare i dati di navigazione sul pannello centrale, il padre le sta regalando una grande emozione...

"Ora è il turno di Eldar, fagli spazio. Non toccate nulla eh!".

Il quindicenne prende il posto della sorella, affascinato da quella miriade di bottoni, luci, indicatori. Mette le mani sulla cloche. "Che rigida che è, papà..."

"Dici?". Kudrinsky gira di nuovo la manopola, l'aereo si inclina verso sinistra. Piskaryov sorride complice al collega, mentre arretra al massimo il sedile per stare più comodo. La manopola viene girata di nuovo, per tornare alla rotta predefinita.

Eldar si guarda di nuovo attorno. La colonna di comando è tornata ad essere rigida, come facesse resistenza al suo tentativo di virare ancora. Mentre il padre descrive a lui e alla sorella le luci delle città sotto di loro, continua a premere verso destra sulla cloche. Vuole provarci di nuovo!

Una luce si accende sul pannello centrale. Nessun suono, solo una spia. Né Piskaryov né Kudrinsky se ne accorgono.

"Papà, perché sta girando da solo?"

"In che senso? Gira da solo?"

L'Airbus si inclina verso destra. L'angolo si accentua lentamente, ma inesorabilmente.

Pyskaryov pare confuso. Anche Makarov interviene: "Siamo entrati in una zona..."

"È un holding pattern", afferma Pyskaryov. Il che però sarebbe strano. L'holding pattern è un percorso circolare di attesa, in cui di solito ci si immette prima di atterrare... di certo non ora che...

"Ehh... Ragazzi..."

D'improvviso, l'aereo si inclina più velocemente. Sorpassa i 45 gradi. La forza G generata inchioda Eldar al suo posto, e impedisce a Pyskaryov di riavvicinare il sedile ai comandi.

"Tienila! Tieni la colonna di comando!" grida il padre al figlio. "Gira a sinistra! Sinistra, sinistra!"

"Dall'altra parte! A Destra!", lo contraddice Pyskaryov. Disorientati dall'oscurità e dalla forza di gravità, per nove lunghissimi secondi, nella cabina, riecheggiano ordini contrastanti.

In rapida successione risuonano gli allarmi dell'autopilota disconnesso e dello stallo. L'aereo scende ad una velocità di 1000 km/ora.

Pyskaryov lotta per recuperare dalla picchiata, tirando a sé la cloche mentre Kudrisnky riesce a togliere il figlio dal suo sedile. L'aereo, lanciato a folle velocità, rimbalza letteralmente nell'aria e viene sparato in una ascesa verticale. Pyskaryov ha sovra corretto, disorientato un'altra volta.

"Eldar vai via! Via! Torna dietro, via!" La forza G diminuisce, permettendo al pilota di riprendere il suo posto di comando.

L'aereo, nel frattempo, appeso in verticale per qualche istante, inizia a cadere nuovamente, in uno stallo incontrollato.

"Massima potenza!"

I due esperti piloti lottano con la cloche e con i pedali del timone per contrastare la vite piatta nella quale è entrato il velivolo, che scende come un masso ruotando su se stesso. Le tecniche di recupero che stanno applicando paiono funzionare. Lentamente, la rotazione diminuisce. "Ne stiamo uscendo! Ne usciamo!" grida Pyskaryov.

"Ce la faremo. Ne usciamo. Va tutto bene. Piano ora... tira piano..."

Ma furono queste le ultime parole registrate dal CVR[1]. L'aereo aveva già perso troppa altitudine, e

---

[1] CVR: Cockpit Voice Recorder, registratore vocale di cabina. Dispositivo che registra il suono ambientale della cabina di pilotaggio.

si schiantò alle 20.58 sulle pendici di un monte nel Kemerovo Oblast, a poche miglia dal confine.

Le indagini sull'incidente, una volta ascoltate le registrazioni in cabina, si rivolsero sui comandi dell'aeromobile. Scoprirono che, applicando per più di 30 secondi una forza sulla cloche, Eldar aveva inavvertitamente disinnescato una parte del pilota automatico, il quale aveva quindi smesso di controllare gli aleironi, nonostante continuasse a gestire tutto il resto. Questa condizione fu segnalata da una spia luminosa, ma i piloti russi, abituati a velivoli costruiti nella madrepatria che associano anche un suono a questa eventualità, non se ne accorsero.

Raggiunta una inclinazione di 90 gradi, l'aereo cominciò a scendere velocemente, mentre l'autopilota cercava di compensare con i controlli che aveva ancora in gestione. Questo portò al primo stallo, che disinnescò completamente l'automazione. Un altro sistema fece abbassare il muso dell'aereo, ma fu qui che Pyskaryov sovra corresse, mandando il velivolo in un'ascesa verticale, dalla quale uscì in uno stallo a vite piatta[2].

I piloti riuscirono ad uscirne, ma troppo tardi. Nessuna comunicazione arrivò a terra.

L'investigazione concluse anche che, se i piloti avessero semplicemente lasciato i comandi fin da subito, i sistemi automatici avrebbero riportato l'aereo in un assetto corretto.

I RESTI DEL VOLO AEROFLOT 593, COME APPARVERO AI SOCCORRITORI

Tutte e 75 le persone a bordo persero la vita.

---

[2] Vite piatta: particolare condizione di volo, solitamente non voluta e conseguenza di uno stallo. L'aeroplano in vite piatta scende verso terra ruotando sull'asse verticale, con le ali parallele al terreno ("piatte", appunto).

SCANSIONA IL CODICE
PER ASCOLTARE

SOLO IL CIELO ATTORNO A ME

Volo Aloha Airlines 243

Clarabelle Lansing, o "C.B." come la chiamano amici e collgeghi, sorride. Sorride perché sono ormai 37 anni che lavora come hostess, ed è brava nel suo lavoro. Sorride non perché non sia stanca, anzi. Ma la sua stanchezza non è un problema dei passeggeri, ed è a loro che si rivolge il suo lavoro. Al loro comfort, ma soprattutto – anche se spesso se ne dimenticano – alla loro sicurezza.

CLARABELLE LANSING

Clarabelle è una donna forte, e magari non è un caso che oggi sia al lavoro a bordo di un aeroplano chiamato Queen Liliuokalani, in onore dell'unica regina regnante Hawaiana, e con Madeline "Mimi" Tompkins – prima donna pilota della compagnia – come primo ufficiale in cabina.

Oggi, 28 aprile 1988, è un giorno come tanti altri. All'interno di questo Boeing 737-297 della Aloha Airlines si sta in realtà poco: le tratte sono da un'isola all'altra, e oggi è già il terzo giro Honolulu-Hilo-Maui-Kauai e ritorno alla capitale. Terzo giro solo oggi ma... Clarabelle sorride, perché è una professionista. Ora si parte: Hilo-Honolulu.

Sono le 13.25 ore locali, e l'aereo è pronto sulla pista. L'ATC[3] conferma: decollo autorizzato.

È un mezzo di quasi 20 anni, consegnato nel 1969 alla compagnia hawaiana. Nonostante questo, non ha tantissime ore di utilizzo: poco più di 35mila, anche se, a causa delle corte tratte percorse, ha quasi 90.000 cicli di volo, ovvero decolli e atterraggi. In sostanza il doppio dei cicli per i quali è stato progettato...

---

[3] ATC: Air Traffic Control, controllo del traffico aereo. Insieme di regole e organismi che contribuiscono a rendere sicuro, spedito e ordinato il flusso degli aeromobili al suolo e nei cieli di tutto il mondo, attraverso l'applicazione di opportune procedure, l'utilizzo di sistemi di comunicazione e, quando disponibili, di sistemi radar di sorveglianza. In questo specifico caso, per esempio, l'ATC preposto all'autorizzazione al decollo è la Torre di Controllo dell'aeroporto.

I comandi sono presi da Mimi Tompkins, mentre l'esperto capitano Robert Schornsteimer la assiste.

L'aereo sale senza problemi di sorta. C'è poco tempo, quindi il servizio a bordo inizia presto. Qualche bevanda e qualche salatino per gli 89 passeggeri a bordo. Avendo finito il suo turno, una delle tre hostess presenti, Michelle Honda, decide che è giunta l'ora del suo pranzo.

Ma sa che C.B. è una molto attenta alle regole: invece di mangiare nella cambusa con le colleghe, si sposta nei sedili dedicati all'equipaggio. Non avrebbe chiacchierato con Jane mentre mangiava, ma molto meglio quello che lo sguardo giudicante di Clarabelle...

L'aereo ora è quasi all'altitudine di crociera, settata per quel breve tragitto a 7.300 metri. Alle 13.48, il velivolo si mette in volo, piano.

William Flannigan e la moglie Jay, seduti ai posti 2 C e D, sono in viaggio per festeggiare il loro ventunesimo anno di matrimonio. "Last call", dice Clarabelle di fianco a loro, mentre serve una bevanda ai coniugi con un sorriso. Le mani delle due donne si sfiorano.

Ed è in quel momento che Mimi, dalla cabina di pilotaggio, sente un suono simile ad un forte, singolo battimani...

Nella fusoliera si apre all'improvviso una piccola crepa. L'interno, pressurizzato, viene risucchiato verso quel piccolo foro. Assieme all'aria, Clarabelle Lansing viene trascinata e scaraventata brutalmente contro la parete, esattamente sulla lesione del velivolo.

Per un secondo interminabile, i passeggeri di prima classe fissano impietriti il corpo della 58enne che pare sfidare le leggi di gravità, rimanendo adeso alla fusoliera. Per qualche istante la fuoriuscita d'aria si arresta, quasi completamente, bloccata dal minuto corpo della hostess.

Eric Becklin, un astronomo di Honolulu, è seduto in terzultima fila. Sentito il primo violento suono, alza la testa e vede la scena. Dal primo squarcio, come in un film, vede propagarsi la frattura.

Subito dopo, con un altro rumore assordante, da un istante all'altro, quella parete e Clarabelle spariscono nel vuoto.

Davanti al cockpit, Mimi è scaraventata verso indietro, e poi ancora avanti, perdendo i controlli. Le maschere per l'ossigeno cadono automaticamente dall'alto.

Prontamente, il capitano Robert afferra la cloche. Si gira indietro: la porta che li separa dal resto dell'aereo non esiste più. Può scorgere i passeggeri della prima classe.

E sopra di loro, il cielo.

Michelle, nella zona dell'equipaggio, si ritrova scaraventata a terra. Con istinto primordiale, si aggrappa come può alle gambe delle poltrone di fronte a lei, mentre una forza sovrumana cerca di lanciarla verso il vuoto. Sopra di lei, e ai lati, il nulla, fino alla sesta fila. Due passeggeri disperatamente tentano di aiutarla, tenendola all'interno del velivolo.

Come in una grottesca imitazione di una vettura decappottabile, l'aereo ora vola tra raffiche che ammutoliscono le urla terrorizzate dei passeggeri.

L'INTERNO DELLA CABINA DOPO L'INCIDENTE

William Flannigan è certo di andare incontro alla morte. Di fianco a lui, dove prima c'era un finestrino, solo cielo e oceano. Si gira verso la moglie. Il viso di lei è coperto di sangue, per aver sbattuto la testa sul tavolino reclinabile e per le schegge di lamiera e cavi che l'hanno colpita. William le prende entrambe le mani, le gira il viso in modo che i loro occhi si incontrino, e le dice che la ama, la ama tanto.

Nella parte più a poppa, le maschere sono calate automaticamente per la decompressione.

"ATC, Aloha 2 4 3, stiamo andando giù... richiediamo altitudine inferiore. Stiamo atterrando".

La voce di Mimi, dal microfono nella maschera, arriva perentoria:

"Chi ha chiamato la torre... ripetere".

"Maui tower, Aloha 2 4 3, stiamo atterrando. Siamo a ovest di Makena, scendendo a 13, e subendo una... abbiamo perso pressurizzazione. Dichiariamo emergenza".

A 3.300 metri, Robert e Mimi si tolgono le maschere. Provano a contattare l'equipaggio con l'interfono, ma...

Nel resto dell'aereo, incredibilmente, il panico diventa più controllato. Istintivamente, i passeggeri si rendono conto che l'aereo sta ancora volando. La priorità, ora, è rimanere vivi.

Da prua arriva una pioggia infernale di detriti di lamiera, e volano cavi tra le teste dei passeggeri.

David Jackson, due file dietro ai Flannigan, si accorge di essere aggrappato alla donna sconosciuta al suo fianco. E lei a lui. Cercando di riprendere il controllo di sé, si infila il giubbotto di salvataggio, e aiuta la donna al suo fianco a fare altrettanto, per prepararsi ad un ammaraggio.

Nel frattempo, Robert e Mimi ai comandi si allineano con la pista di Maui. L'aereo risponde in maniera erratica, decidono di estrarre i flap[4] solo di pochi gradi, e il carrello all'ultimo...

... due luci verdi. Dove dovrebbero essere tre, ad indicare le tre braccia del carrello di atterraggio estese e bloccate. La luce del carrello di prua non si accende. Ma neanche quella rossa, che indica il malfunzionamento. Mimi attiva il comando manuale. La luce rimane spenta.

I piloti comunicano alla torre che sarebbero atterrati ugualmente, sul muso dell'aereo.

E ora pure i motori... Si accende la spia che indica un malfunzionamento grave al motore numero uno. L'aereo si imbarda repentinamente, ma Robert lo stabilizza. Subito dopo, anche il motore numero due perde potenza, e fa un suono strano.

---

[4] Flap: detto anche slat o ipersostentatore, è un organo mobile connesso alle ali. Viene usato soprattutto in fase di decollo e di atterraggio per aumentare la portanza, e quindi il sostentamento aerodinamico, dell'ala a basse velocità.

Ma almeno funziona. Il numero uno non vuole saperne di ripartire.

Nell'aereo ora c'è quasi solo il rumore del vento e del motore superstite. Le urla sono praticamente cessate. Più di qualcuno piange sommessamente, coprendosi dall'aria. Tutti aspettano, che è l'unica cosa che possono fare.

"Volo 243... vediamo... vi confermiamo che vediamo il carrello esteso!".

Finalmente una bella notizia.

A terra, vicino all'aeroporto, l'avvocato Steven Songstad sta parcheggiando la sua auto, perché deve prendere un volo a breve. Istintivamente alza lo sguardo al cielo, sentendo un aereo in atterraggio sopra di lui, e... pensa che quella livrea sia proprio fatta male. Sembra quasi... sembra...

Songstad comincia a correre, verso la pista, perché non riesce a credere ai suoi occhi.

Alle 13.58, il volo Aloha 243 tocca terra.

Il capitano Robert ordina *full reverse*[5] sul motore 2, e di estendere i flap a 40, come da procedura per una evacuazione: le estensioni delle ali diventano così una sorta di scivolo verso terra. Appena l'aereo si arresta, i passeggeri del fondo provano ad aprire il portellone, che però è bloccato: il pavimento si è deformato talmente tanto da impedire l'apertura della porta. Un giovane ragazzo, di corporatura robusta, comincia a saltare per appianarlo. Dopo qualche secondo di questa bizzarra operazione, il portellone si riesce ad aprire.

L'indagine scaturita dall'incidente durò un anno e mezzo, e stabilì che le cause erano da ricercare in due fattori: l'eccessivo numero di cicli di volo, che ha portato ad uno stress dato da pressurizzazione e depressurizzazione; e una cattiva gestione della manutenzione, eseguita a distanze temporali diverse da quelle segnalate dal costruttore.

Delle 95 anime a bordo del volo Aloha 243, 65 furono portati in ospedale, di cui 12 in condizioni gravi o critiche. Alla fine, incredibilmente visto la pericolosità dell'accaduto e le sue dinamiche,

---

[5] Full reverse: comando impartito ai motori, che producono una spinta "inversa" rispetto al senso di marcia, frenando quindi l'aeroplano.

l'unica persona a non essersi salvata fu Clarabelle Lansing.

Per tre giorni una squadra composta da elicotteri e natanti setacciò le acque sopra le quali era stata sbalzata.

Il suo corpo non fu mai recuperato.

LE OPERAZIONI DI SBARCO DEI PASSEGGERI DEL VOLO ALOHA 243

PANICO MORTALE

Volo Filair LET L-410

Quando si tratta di capire e comprendere in modo corretto il comportamento di un aeroplano durante il volo, i fattori da tenere in considerazione sono davvero molti. Avvicinarsi al mondo dell'aviazione vuol dire prepararsi ad avere a che fare con vari aspetti di fisica e fluodinamica, con alcuni elementi che possono sorprendere, o, addirittura, sembrare controintuitivi.

Un aspirante pilota di aeromobili ha davanti a sé lo studio di tomi tecnici di migliaia di pagine, che nel complesso partono da basilari concetti sui fluidi – come lo è l'aria – e sui moti, perché non si può prescindere dalla conoscenza di queste basi sul funzionamento della fisica.

E questo insieme di teorie spiegano l'andamento di piccoli ed enormi uccelli fatti di lamiere e bulloni, che a centinaia di migliaia punteggiano giornalmente i cieli di tutto il mondo.

Proprio in funzione di queste conoscenze vengono poi stilati regolamenti e norme, riguardanti velocità massime e minime, altezze consentite e consigliate, manovre considerate sicure ed insicure, e tanti altri aspetti.

Di sicuro a più di qualcuno sarà capitato di salire su un aereo poco affollato, e di chiedere all'assistente di volo la possibilità di spostarsi in un posto diverso da quello assegnato per poter stare più comodi. E probabilmente la cortese risposta sarà stata: "Dopo il decollo e fino all'atterraggio, per una questione di distribuzione di pesi". Proprio uno dei tantissimi fattori da prendere in considerazione.

Chris Wilson, un ex attendente di volo originario della zona di Manchester, è estremamente nervoso. Mancano pochi minuti all'atterraggio all'aeroporto di Bandundu, in Congo, e non vede l'ora che questo viaggio sia terminato.

Guarda davanti a sé i vari strumenti del piccolo bimotore L-410 di costruzione ceca, e tutto è nella norma. Controlla di nuovo, quasi inconsciamente. Tutto a posto.

Ma non è l'aeroplano in sé che preoccupa Chris, il primo ufficiale di questo volo Filair partito dalla capitale Kinshasa poco più di un'ora prima.

CHRIS WILSON

Ciò che lo angustia è chi gli sta di fianco.

Il 39enne britannico ha lasciato il suo lavoro di assistente quasi un anno fa, per inseguire il suo sogno: diventare un pilota di linea. Ma per farlo, deve accumulare abbastanza ore di volo in una linea aerea come primo ufficiale. È per questo motivo che è venuto in Africa, in Congo: qualche ricerca, qualche amicizia che indica piccole linee aeree che cercano e...

Certo mai si sarebbe potuto immaginare, prima, l'assurdità dei mesi iniziali di contratto.

In un Paese così grande come la Repubblica Democratica del Congo spostarsi velocemente è possibile solo tramite aereo. Ma le infrastrutture sono pressoché inesistenti per gli standard a cui Chris è abituato, e le "abitudini" regolamentari risultano quanto di più lontano si potesse immaginare, prima di scoprirlo con i propri occhi.

Non solo, ma – tolte le ovvie eccezioni delle pochissime compagnie aeree più organizzate – anche gli operatori stessi erano qualcosa di assolutamente inconcepibile per un europeo. Più volte gli era capitato di fare scali e non capire quale aereo avrebbe dovuto pilotare a causa di guasti o problemi burocratici. O volare con assistenti di bordo che non parlavano una parola di inglese. O ancora, vedere mazzette passate sotto gli occhi di tutti per chiudere un occhio su questo o quel carico di contrabbando, oltre i già scarsi controlli...

Ma erano due le cose che più lo avevano stressato e colpito. La prima era ritrovarsi a pilotare aerei poco più grandi di un autobus con all'interno, tenuti dai passeggeri, animali vivi e semi liberi di vario tipo: galline, capre, cani...

Una volta aveva provato a impuntarsi, e a dire "niente animali vivi in cabina". Risultato: il passeggero aveva girato l'angolo, aveva ucciso il capretto che portava, e si era ripresentato con l'animale ancora grondante sangue.

La seconda, quella forse più preoccupante, trovarsi a fare da secondo a Mr. Philemotte.

Danny Philemotte è un personaggio che non passa inosservato. Belga "di una volta", sessantaduenne, il carismatico pilota è conosciuto un po' in tutti gli scali congolesi per il suo carattere aperto, amichevole e bonario. In tanti hanno ricevuto una proposta di lavoro o un aiuto dal baffuto e sorridente Danny. E di certo non è la personalità ciò che preoccupa il pilota inglese. Il problema reale è che Philemotte è un pessimo pilota.

Nei mesi precedenti, in varie missive con il fratello, Chris aveva scritto che ogni viaggio come secondo di Mr. Philemotte era stato un terno al lotto. "Ogni volta che voliamo con lui c'è qualche tipo di incidente. Ogni volta". Non solo, ma c'è davvero da sperare di non trovarsi con qualche nube o visibilità scarsa, perché, scriveva sempre l'inglese al fratello, "non sa leggere gli strumenti. Quindi se non vede dove va, siamo fregati".

Chris non voleva più volare con Danny. Ma c'era un piccolo problema a riguardo.

Philemotte è il proprietario della compagnia aerea.

Quindi zitti e si parte. E il pilota britannico, bramoso di accumulare preziose ore di volo, decide di rimanere anche per un'estensione di contratto, che è stato infatti firmato qualche settimana fa.

Oggi problemi di visibilità non ce ne sono, pare. Ma il primo ufficiale continua ad essere nervoso. Per fortuna anche questo viaggio sta per giungere a termine: pochi minuti e si arriva a Bandundu.

Il piccolo L-410 su cui viaggia è davvero poco dissimile da un autobus con le ali, e i 18 passeggeri sono in qualche modo accalcati in maniera davvero scomoda. In fondo, verso la coda, l'assistente di volo Lucy legge distratta una rivista. Chiaramente non ha timore di perdere il lavoro, essendo la cognata di Philimotte... Del resto, non avrebbe nemmeno spazio per passare con un carrellino...

Sì, come no, il carrellino! Sul volto di Chris un accenno di smorfia. Non solo per lo spazio, ma questi velivoli hanno disperatamente bisogno di attenzione sui pesi. Ad ogni controllo pre-partenza, anche se sa benissimo cosa accadrà, si sorprende quando è il momento di... pesare ogni passeggero! Per non parlare dei litigi quando chi, pur avendo pagato un biglietto, è convinto di essere al finestrino della seconda fila a sinistra, e si ritrova in corridoio nella quinta fila a destra...

Ma del resto, soprattutto in fase di decollo e atterraggio, questi macinini col culo pesante soffrono tremendamente qualsiasi cambiamento del centro di gravità...

"Chris, controlla anche tu... per piacere... come siamo messi a carburante?".

Il pilota britannico guarda gli strumenti. Poi, con fare quasi sconsolato, fissa il suo datore di lavoro. "Scarsi. Come è possibile? Perdita?".

"No, no. Pensavo bastasse... e infatti basta. Ci siamo quasi. Fai una cosa: avverti a terra che ci diano la pista 29, così non dobbiamo fare giri e siamo a posto".

Un sospiro, un dito sul pulsante della cloche per attivare la radio, la comunicazione con i controllori di terra. "Speriamo questa giornata finisca presto", il pensiero.

Il velivolo ora si mette in posizione per la fase di atterraggio. I motori vengono portati a regime minimo, con l'aereo che compensa la velocità scendendo di quota. Flap estesi.

D'improvviso, un urlo.

Dal fondo, Lucy si slaccia la cintura. È una maschera di terrore, mentre si fa strada nello stretto corridoio, incurante delle gomitate e delle spallate che rifila ai passeggeri. I due piloti sentono un brivido lungo la schiena, mentre chiedono delucidazioni a gran voce, ricevendo in risposta solo il grido isterico dell'assistente di volo.

"C'è…. C'è… un…".

Ma ora le voci che gridano sono aumentate di numero. Ora gridano anche i passeggeri. Dal fondo, altri si slacciano la cintura – quei pochi che l'avevano allacciata – e tutti si lanciano verso la prua dell'aeroplano. Lontano dalla coda.

I piloti gridano di mantenere la calma, ma ormai il panico si è diffuso. La maggior parte degli occupanti del piccolo L-410 si ammassa contro l'angusto spazio della cabina di pilotaggio.

Chris guarda Danny quasi incredulo. Il velivolo, che sta procedendo a bassa velocità, si inabissa velocemente, mentre il capitano cerca disperatamente di recuperare il corretto assetto di volo. Ma ora il centro di gravità non è più quello abituale, per il quale il mezzo è stato progettato, ma è come avere un enorme macigno che pesa sulla prua.

Philimotte tira ancora a sé la cloche, dando tutto motore. La punta si risolleva, ma la poppa sbanda violentemente verso sinistra. L'aereo entra in una vite piatta, cadendo come una foglia portata dal vento.

I due piloti cercano di compiere un ultimo disperato miracolo, ma sono troppo bassi, e troppo lenti.

Il volo Filair LET L-410 si schianta al suolo a circa un chilometro di distanza dalla pista di atterraggio, finendo la sua caduta su una casa.

Delle 21 persone a bordo si salvò solo un passeggero.

A causa dell'iniziale mancanza di un incendio che seguisse l'incidente, unito alla richiesta fatta dal primo ufficiale di cambiare pista, gli investigatori pensarono ad un problema dato dall'assenza improvvisa di carburante. Ma il modo in cui l'aeromobile cadde, come fosse completamente fuori controllo, fece alzare qualche sopracciglio tra gli addetti ai lavori.

La verità si scoprì solamente quando l'unico sopravvissuto si riprese abbastanza da testimoniare.

Ciò che aveva fatto scattare in piedi Lucy, l'assistente di bordo, fu un coccodrillo destinato al mercato nero. Nascosto in un grande borsone lasciato nello spazio cargo di coda, il giovane rettile riuscì in qualche modo a liberarsi, sgusciando sotto i piedi della donna.

I passeggeri, terrorizzati come lei all'improvviso dalla vista del pericoloso animale, crearono uno sbilanciamento fatale del velivolo quando corsero verso la prua.

Alla luce di questi fatti, ancor più incredibile fu il report fatto da chi accorse sul luogo dell'incidente: venne infatti trovato un coccodrillo, che inizialmente si credette fosse sopraggiunto a causa dei cadaveri, ma che probabilmente era lo stesso rettile che causò il panico all'interno dell'aereo.

L'animale fu ucciso sul posto con un colpo di machete.

SCANSIONA IL CODICE

PER ASCOLTARE

UNA STORIA ITALIANA

Volo TWA 85

Alle 16.56 del 21 Agosto 1969 la terra a Melito Irpino inizia a tremare con un rombo fragoroso. I sismologi diranno 6,2 sulla scala Richter, ma per gli abitanti del piccolo paese del centro Italia questo numero ha poco significato.

La prima scossa fa più paura che danni, ma la seconda e la terza, rispettivamente alle 18.30 e alle 19.09, radono al suolo le modeste case e i pali della luce, le strade e i pozzi.

Per la famiglia Minichiello è il colpo finale. Non erano mai riusciti ad uscire dalle miserie portate dalla guerra, ma ora non hanno davvero più nulla che li trattenga. Partono alla volta del sogno americano, Seattle come meta scelta quasi a caso, per sentito dire. Per provare a ricominciare da capo.

Con loro ovviamente si imbarca in questo viaggio anche il figlio più piccolo, Raffaele, che il giorno della partenza deve ancora compiere 14 anni. È costretto a lasciare la sua adorata Cinzia, di cui è innamorato da due anni, consapevole che di lei non saprà più nulla.

La sua vita, nei mesi successivi, è ancora più dura. Viene iscritto ad una scuola, la Foster High School, ma Raffaele – o Ralph, come già lo chiamano – non parla nessuna altra lingua oltre il dialetto del suo paesello. È un disastro in tutte le materie, tranne che in disegno tecnico meccanico, nel quale è aiutato dalla sua esperienza come garzone in una officina a Grottaminarda.

Gli anni passano tra bullismo, solitudine, e un percorso scolastico che non riesce a decollare. Il taciturno ragazzotto dai capelli ricci e scuri cresce nel silenzio, fino a quando non ce la fa più, e comunica alla famiglia che vuole fare qualcosa di concreto. Si arruola nel corpo dei Marines, volontario per la campagna in Vietnam. Ha solo 17 anni, e 18 appena compiuti quando sbarca in Asia, soldato scelto del V battaglione, il 15 dicembre 1967.

L'esperienza in Vietnam è quella di tanti altri suoi commilitoni: sfiancante, umiliante, deumanizzante. Eppure, Ralph qui si sente finalmente accettato, in quella "band of brothers" in cui anche lui è utile, apprezzato, considerato. Spesso si offre volontario per azioni pericolose, conquistando la stima degli altri soldati, e riesce persino ad inviare a casa quasi 800$ della sua diaria. Viene insignito anche di una medaglia al valore, per le sue azioni.

RAFFAELE MINICHIELLO IN VIETNAM

Ma gli orrori della guerra non risparmiano neanche lui, e il ragazzo che torna negli Stati Uniti è molto diverso da quello che è partito. Più sicuro di sé, più cosciente di essere diventato un uomo, ma al contempo irascibile e fragile.

Con suo sommo sdegno scopre che 200 di quegli 800 dollari non sono mai arrivati a destinazione, e quando chiede spiegazioni si infuria silenziosamente con il funzionario che lo tratta in maniera irrispettosa e gli nega quello che a Raffaele spetta di diritto. Un'altra goccia che fa traboccare il vaso: pochi giorni prima aveva scoperto che gli era stato negato il trasferimento in Italia dove era tornato il padre, malato terminale di cancro.

Minichiello decide allora di entrare in uno spaccio militare e rubare l'equivalente di 200 dollari dalla dispensa, ma è talmente ubriaco durante questo improvvisato raid da addormentarsi all'interno, dove viene trovato poco dopo e arrestato. Rimane in prigione militare 10 giorni e poi riabilitato, ma in attesa del processo di corte marziale, fissato per il 29 Ottobre 1969.

Raffaele non si presenterà mai a quel processo, diventando di fatto un disertore quando si scopre che non lo si trova più da nessuna parte nella caserma dove è di istanza, in California.

31 Ottobre 1969, ore 1.10. Aeroporto di Los Angeles.

Tra i passeggeri che si sistemano a bordo del Boeing 707 della TWA, ci sono anche i membri della band Harpers Bizarre. Noti un paio di anni prima per un loro adattamento della canzone conosciuta come "Feelin' Groovy" di Simon & Garfunkel, l'umore oggi non è dei migliori. Il loro concerto a Pasadena è stato un mezzo disastro, interrotto per un bel pezzo a causa di un uomo che si è messo ad urlare dalle gradinate...

Il cantante Dick Scoppettone e il batterista John Petersen si siedono sul lato sinistro dell'aereo, osservando annoiati la hostess con quel sorriso tipico da hostess che accoglie i passeggeri che si imbarcano in questo volo verso San Francisco.

Il Boeing 707 era alla fine di una lunga tratta attraverso gli Stati Uniti: da Baltimore a St.Louis, poi Kansas City e ora da Los Angeles a "Frisco", come la chiamano quelli che non ci abitano, a San Francisco.

Tra gli ultimi passeggeri si imbarca anche Raffaele Minichiello. Vestito con una tuta mimetica, ha con sé un borsone da cui esce una lunga custodia scura.

Charlene Delmonico, che a soli 23 anni è la hostess con più esperienza a bordo, guarda quel ragazzo carino ma un po' goffo con curiosità. Chiacchierando con le colleghe, mentre fanno gli ultimi preparativi, butta lì la domanda: "Ma secondo voi... cos'ha in borsa?".

La risposta delle due giovani colleghe è quasi all'unisono: canna da pesca. Charlene è sorpresa dal fatto che entrambe rispondano così velocemente e sicure. Non fa altre domande, quindi non scopre che le due ragazze avevano chiacchierato a lungo con quel ragazzo in cerca di flirt, al terminal, prima dell'imbarco... né che lo avevano fatto passare dal retro, chiacchierando e scherzando...

Il capitano del volo TWA 85, Donald Cook, spinge sulle manette dei motori all'1.30 precise, facendo decollare il 707 con quell'insopportabile rombo dovuto all'iniezione di acqua nei motori, necessaria a causa della scarsa potenza dei propulsori, e che era costata a quel modello il soprannome di "Water wagon".

Pochi istanti dopo le luci si spengono quasi del tutto per permettere ai passeggeri di dormire, mentre Delmonico e la neo assunta Tracey Coleman puliscono e sistemano la cambusa.

Davanti a loro improvvisamente si staglia quel ragazzo riccio.

In mano ha un fucile M1. Charlene, calma e professionale, passa lo sguardo dal fucile agli occhi di Raffaele Minichiello. "Non dovresti avere quella cosa in aereo", gli dice.

L'ex militare, in tutta risposta, le consegna un proiettile calibro 7.62, intendendo con questo gesto che l'arma è carica. "Ora portami dal resto della squadra, che mostro anche a loro".

Mentre passano di fianco agli Harpers Bizzarre, molti passeggeri si rendono conto della scena. Uno, in particolare, si muove dal fondo con tono minaccioso.

"HALT", grida risoluto Raffaele, con quel lemma e quel modo tanto utilizzati dai suoi superiori.

"Quest'uomo è un militare", pensa Charlene. Jim Findlay, l'uomo che si era alzato, torna sui suoi passi e si siede al suo posto.

Il dirottatore e le due hostess tornano a camminare spediti verso la cabina. Raffaele, fin qui apparentemente calmo, si scalda e alza la voce quando Charlene gli spiega che per i nuovi regolamenti dovrebbe suonare il campanello, per entrare in cabina. Agitato e timoroso di una trappola, il Marine le urla di bussare e basta.

La porta si apre, e la hostess avverte l'equipaggio ai comandi che c'è un uomo armato, dietro di lei. Minichiello entra e punta il fucile ad ognuno dei tre occupanti: il capitano Cook, il primo officiale Wenzel Williams, e l'ingegnere di volo Lloyd Hollrah.

Incapace di scappare al suo forte accento, Raffaele intima alle hostess di andarsene, e ai piloti di dirigere il volo verso New York.

Judi Provance, una hostess fuori servizio, è seduta vicino ai membri della band. Li sente chiacchierare quasi divertiti, ma non fa molto caso alle loro frasi riguardanti le ipotesi sulla destinazione del dirottamento. "Hong Kong?", li sente dire. "Sarebbe divertente, non ci sono mai stato!" risponde un altro.

Ma Judi è concentrata su quello che ha da poco imparato al training camp della compagnia, proprio – a volte il caso! – riguardante i sempre più comuni dirottamenti di quei mesi.

Regola numero uno: stare calmi. E solo dopo le altre regole. Tra le quali, peraltro: non innamorarsi del dirottatore.

Judi si rivolge agli altri passeggeri, spiegando la situazione e la necessità di mantenere la calma. La raggiunge anche Jim Findlay, il coraggioso di pochi minuti prima, e si presenta: è un pilota TWA, fuori servizio come lei. Jim ha approfittato dell'assenza del dirottatore per cercare tra i suoi bagagli, trovando alcuni caricatori pieni di proiettili.

"Signore e signori". È la voce di Cook, dagli altoparlanti. "Abbiamo qui davanti un giovanotto molto nervoso, e lo porteremo ovunque ci dica di andare...".

Nei minuti successivi, tra i passeggeri c'è un misto di eccitazione e paura.

Dagli inizi degli anni '60 i casi di dirottamento si erano moltiplicati, con un gran numero di americani disillusi dalle promesse della madrepatria che obbligavano aerei ad atterrare a Cuba, seguendo la rivoluzione lì in atto. E siccome gli aerei normalmente non atterravano a La Havana, il dirottamento sembrava un mezzo conveniente. E a Fidel Castro questo gioco piaceva, potendo mettere in imbarazzo le superpotenze capitaliste e chiedendo loro una sorta di riscatto per avere indietro i preziosi velivoli. Quindi accoglieva di buon grado i dirottatori...

Anzi, i dirottamenti verso Cuba erano talmente comuni che a un certo punto alcune compagnie statunitensi avevano iniziato a consegnare mappe dei Caraibi e guide in spagnolo agli equipaggi. Una linea diretta era stata creata tra l'aeroporto di La Havana e gli Air Traffic Controllers della Florida. C'era pure stata l'ipotesi di costruire un falso aeroporto, uguale a quello della capitale cubana, vicino a Miami, per trarre in inganno i dirottatori...

E questo, per i passeggeri e per l'equipaggio, era il cinquantaquattresimo dirottamento del solo 1969, uno ogni sei giorni. Quindi ora c'è timore, ma anche eccitazione per quella strana avventura, che solitamente si conclude bene, magari in un paese caraibico...

Ma in cabina l'atmosfera è diversa. Raffaele parla di New York, o forse Roma. Ma non c'è abbastanza carburante per arrivare alla costa opposta degli Stati Uniti, se vuole la Grande Mela, e nessuno a bordo è qualificato per voli intercontinentali, se vuole la Città Eterna...

Alla fine Minichiello si lascia convincere: Denver per fare rifornimento. Cook solo a quel punto avverte del dirottamento in atto.

Una volta atterrati, Raffaele pone le sue condizioni: i 39 passeggeri a bordo possono scendere, così come le hostess, ma una di loro deve rimanere. Il Marine indica Delmonico, ma il capitano vorrebbe Roberta Johnson, che conosce meglio.

"Rimango io". La voce è quella di Tracey Coleman. Tutti si girano a guardarla. Lei abbassa lo sguardo.

"Beh... il mio ragazzo è di New York. Al massimo rimango lì...". Ma il gesto di Tracey non è dettato da quel pensiero.

GLI HARPERS BIZZARRE ALL'AEROPORTO DI DENVER

Sa che se la situazione non si sblocca, nessuno scenderà. Così è deciso. I passeggeri vengono fatti sbarcare che ancora mancano due ore all'alba, in una nebbiosa e fredda Denver, accolti nel terminal da agenti FBI a cui pare mancare dal vocabolario la parola "sorriso". I membri degli Harpers Bizarre sanno già cosa fare: si attaccano al primo telefono e chiamano il loro agente. "Questo sarà il più grande colpo di marketing della nostra carriera!".

Le tre ore di volo tra Denver e New York, una volta ripartiti, passano in fretta. Minichiello si sistema in prima classe, stiracchiandosi e preparandosi uno strano cocktail da due bottigliette – Canadian Club whisky e gin.

All'atterraggio al famoso JFK, in quella che a est è ormai tarda mattinata, il Boeing 707 viene fatto parcheggiare nella zona più remota possibile. Le istruzioni, come per Denver, sono chiare: meno persone possibili che si avvicinino al velivolo.

Ma l'FBI è in agguato: non vogliono permettere il pericoloso precedente di lasciar partire un aereo dirottato verso un altro continente! A terra ci sono più di 100 agenti, alcuni travestiti da meccanici.

Mentre il rifornimento è ancora in atto, l'FBI comincia il suo avvicinamento. L'aria si fa subito estremamente tesa. Cook apre il finestrino della cabina, e urla ad un agente che se si avvicinano ancora Minichiello sparerà. Il volume delle voci sale, la situazione pare essere sul punto di esplodere.

E improvvisamente, chiaro e nitido, risuona il rumore assordante di uno sparo in cabina.

Il mondo sembra fermarsi.

All'interno dell'aereo, tutti – compresi il dirottatore – si guardano attorno attoniti, cercando di capire se sono feriti. Il colpo è partito per errore, e ha forato il soffitto della cabina andando a sbattere su una bombola di ossigeno. Senza penetrarla. Raffaele ricomincia ad urlare, sporgendosi lui questa volta dal finestrino, ed impone di fermare subito il rifornimento.

"L'aereo riparte ora!"

E così è, con però altri due a bordo: Billy Williams e Richard Hastings, piloti con licenza intercontinentale fatti salire in fretta e furia e subito messi ai comandi.

L'aeroplano, con poco carburante ed un proiettile conficcato chissà dove, si dirige verso il limite nord est degli Stati Uniti, a Bangor nel Maine. Ad attenderli, visto il clamore mediatico che nel frattempo si è scatenato, uno stuolo di fotografi e giornalisti.

Il rifornimento viene portato a termine a tempo record, e ancora una volta – dopo quasi 9 ore dall'inizio del dirottamento – l'aereo si alza in volo. Questa volta puntando direttamente verso l'Oceano Atlantico.

DA SINISTRA A DESTRA: LE HOSTESS TANYA NOVACOFF, ROBERTA JOHNSON E CHARLENE DELMONICO

Una volta arrivati ad altezza di crociera, Minichiello ed il resto dell'equipaggio, ormai orfano di lavoro, si sistemano assieme in prima classe. Le conversazioni ora si susseguono in maniera educata e quasi amichevole, passata la fase di tensione di New York per la quale – Cook insiste molto su questo *punto – nessuno a bordo era responsabile.*
I piloti, le hostess e il dirottatore parlano, giocano a carte, si raccontano le storie delle loro vite durante le 6 ore tra Bangor e Shannon, in Irlanda, prossima tappa per il refuelling. Mangiano dolcetti e biscotti, le uniche cose rimaste a bordo.

A un certo punto, Raffaele si dirige verso il bagno. Appena entrato, si rende conto di aver lasciato il fucile sul sedile. Tornando indietro lo ritrova lì, dove lo aveva lasciato.

Ancora in piedi, guarda dall'alto verso il basso Cook, il capitano.

"Pensavo mi avresti ammazzato".

Lo statunitense sorride amaramente. "Non sono un assassino. Mi spiace, non posso fare nulla per te".

Il volo continua tranquillo, e cambiando latitudine il 31 Ottobre diventa il 1° Novembre. Raffaele "Ralph" Minichello diventa quindi ventenne, ma nessuno all'interno dell'aeroplano festeggia.

Dopo meno di un'ora dall'atterraggio a Shannon, il velivolo riparte di nuovo, verso l'ultima parte di quel viaggio di 10.941km che lo porterà a Roma, dove arriva e si mette in un holding pattern, presto al mattino, sopra l'aeroporto di Fiumicino.

Un'ultima richiesta, da parte del dirottatore, 18 ore e mezza dopo la prima: fermare l'aereo lontano dal Terminal, e a terra un ufficiale di Polizia disarmato e con una macchina. Si offre anche di portare l'equipaggio in un albergo, per scusarsi del disturbo. Nessuno accetta, ma declinano con cortesia. "Niente di personale, no?", chiosa Cook.

Alle 5 del mattino una Alfa Romeo si avvicina al 707 ormai spento. La guida l'ufficiale Pietro Guli, che si è offerto volontario. Scende e alza una mano, e dall'aereo emerge Minichiello.

"Arrivederci, Don" dice al capitano, "scusa ancora per il casino". Raffaele si dirige con il fucile verso la macchina. L'equipaggio sente un misto tra senso di sollievo, e speranza che il resto della storia non diventi una tragedia.

Tornato finalmente a parlare la sua lingua natia, il dirottatore spende però poche parole con Guli. Gli intima di dirigere la macchina in direzione Napoli. Si va verso casa. L'aeroporto di Fiumicino è già alle spalle.

Durante il tragitto, quattro auto della Polizia seguono l'Alfa Romeo. Minichiello dà direzioni sulle strade da prendere, seguendo vie secondarie e meno battute. Ma dopo poco, nonostante siano riusciti a seminare gli inseguitori, la fuga di Raffaele si deve fermare.

A soli 10km dal centro di Roma, infatti, imboccano delle vie sempre più strette, fino ad un vicolo cieco. Entrambi gli uomini scendono dall'auto.

Guli rimane calmo, e chiede istruzioni. Ma Minichiello, ormai stanco e stremato, va nel panico. Comincia a fuggire a piedi, quanto più velocemente gli concedano le gambe.

Per le cinque ore successive, centinaia di agenti perlustrano le colline circostanti, in cerca di una traccia. Ma l'addestrato Marine non si trova, nonostante i cani e gli elicotteri. Il dirottatore sembra sparito nel nulla.

Poco distante, al Santuario del Divino Amore, Don Pasquale Silla è intento a dire la messa nella chiesa gremita. Del resto è Ognissanti, ed è sempre un momento di gioia e congregazione, oltre che di festa, per i paesani. Ma tra la folla, vestita con i panni migliori, non si può non notare quel giovane che indossa una giacca e... delle lunghe mutande al posto dei pantaloni.

Il prete appena ne ha occasione si avvicina per guardare meglio e... riconosce Minichiello grazie alle foto dei giornali, che da ieri non fanno altro che parlare di lui. Charlene Delmonico il giorno prima l'aveva riconosciuto tra le foto dell'FBI, ed ora il suo volto era famoso in tutto il mondo.

Don Silla si affretta a chiamare la polizia, di nascosto, e alla fine Raffaele "Ralph" Minichiello viene circondato e arrestato fuori dal santuario. La sua reazione è una risata. "Paisà, perché mi arresti?"

Finì così il dirottamento più lungo, in termini di chilometri percorsi, della storia.

Qualche ora dopo l'arresto, Raffaele si presentò alla stampa con un tono quasi incredulo, al limite dello spocchioso.

Ma poco dopo rivelò il motivo reale del suo dirottamento: la voglia di tornare a casa, dal padre morente. Con un biglietto da 15 dollari e facendo "da sé", come se fosse un modo per farsi giustizia.

Il padre, quando venne intervistato, non ebbe dubbi: era stata la guerra a cambiarlo in quel modo.

Contro qualsiasi previsione, Minichiello divenne una sorta di eroe popolano dopo l'arresto, a causa della sua storia e del suo atteggiamento al contempo guascone ma pentito. La figura del ragazzo dal viso pulito che farebbe di tutto per tornare in madrepatria dal padre malato, lo rese una celebrità ben voluta dal pubblico.

Il suo avvocato, Giuseppe Sotgiu, lo dipinse al processo – nel quale non venne concessa l'estradizione negli Stati Uniti dove avrebbe rischiato la pena di morte – come una vittima. Una vittima italiana.

Venne condannato per i reati commessi sul territorio nazionale, con pena di sette anni e mezzo. Ridotta poi in appello a tre, di cui scontò 18 mesi in tutto. Uscì il primo maggio del 1971.

Il ventunenne uscì da Regina Coeli con un completo marrone alla moda, fermandosi a parlare con i reporter con un misto di timidezza e presunzione. Ma il futuro di Raffaele non fu così facile, anche dopo il rilascio.

Una serie di proposte di lavoro, come modello e come attore di spaghetti western, si risolsero in un nulla di fatto. Cercando finalmente pace, rimase a Roma dove si sposò con Cinzia, da cui ebbe un figlio, e trovò lavoro come barista. Ad un certo punto fu anche il gestore di una pizzeria che chiamò Hijacking, "Dirottamento".

Il 23 Novembre 1980, 18 anni dopo il terremoto che sconvolse la vita di tanti oltre alla famiglia Minichiello, un'altra scossa a soli 20 km di distanza portò morte e distruzione in Irpinia, con 4690 vittime e più di 20.000 abitazioni rase al suolo. Tra i volontari che arrivarono ad aiutare ci fu anche Raffaele, che venne riconosciuto quasi subito. "Non mi fido delle istituzioni, quindi faccio io", dichiarò. Nel febbraio 1985 un'altra tragedia colpì Raffaele. La moglie Cinzia, incinta del secondo figlio, morì assieme al neonato durante un parto nel quale i medici furono colpevolmente disattenti nei suoi confronti. Per l'uomo quella fu l'ennesima goccia.

Decise di farsi nuovamente giustizia da sé, organizzando quello che lui chiamò "il Progetto": fare irruzione armato ad una conferenza medica a Fiuggi, e attirare l'attenzione sulla malasanità imperante in alcuni contesti, e che erano costati la vita all'amata moglie e al nascituro. Per settimane preparò l'attacco, ma questa volta la redenzione arrivò grazie ad un collega ed amico, Tony, il quale, percependo il momento così difficile per Raffaele, gli regalò una Bibbia, che iniziò a leggere assieme a lui. Il Progetto fu abbandonato, e l'ex Marine ed ex dirottatore divenne un uomo estremamente devoto. Nel 1999 tornò negli Stati Uniti, avendo saputo che erano stati annullati i carichi nei suoi confronti. I suoi ex commilitoni, nel frattempo, avevano lavorato a lungo per commutare la sua "dismissione senza onore" dal Corpo dei Marines. E mentre continuavano a cercare di aiutarlo, Raffaele chiese di intercedere per lui organizzando un incontro con gli ostaggi del volo TWA85.

RAFFAELE MINICHIELLO (A SINISTRA) NEL 2009 CON ALCUNI COMMILITONI E WENZEL WILLIAMS (A DESTRA)

L'8 Agosto 2009, all'esterno del Clarion Hotel di Branson, Missouri, Charlene Delmonico arrivò dopo aver ricevuto l'invito dei commilitoni di quello che fu il suo dirottatore. Lì trovò il primo ufficiale Wenzel Williams, unica altra persona che accettò quella strana rimpatriata. All'esterno dell'hotel non c'era Raffaele, ma solo i suoi compagni d'arme, che vollero leggere una lettera che esprimeva il loro pensiero di rispetto e affetto nei confronti dell'italiano che aveva tenuto il mondo in scacco con un fucile.

Ascoltate quelle parole, Delmonico e Wenzel si convinsero a incontrare Raffaele Minichiello, che li raggiunse di lì a poco. Entrambi ricordano il loro ex dirottatore come un uomo ormai pentito e quasi in imbarazzo nel ripensare a quelle ore assurde e all'atto che aveva compiuto. Minichiello regalò ad entrambi una bibbia, dove scrisse:

"Grazie per il vostro tempo. Apprezzo il vostro perdono per le mie azioni che vi hanno messo in pericolo. Per favore accettate questo libro, che mi ha cambiato la vita. Dio vi benedica".

E aggiunte sotto, le parole: Luca 23:34. Il passaggio recita:

"Padre perdona loro, perché non sanno quello che fanno".

LOTTARE PER SOPRAVVIVERE

Volo FedEx 705

Sopra i cieli vicino Memphis. Ore 15.20 del 7 Aprile 1994. Il volo Fedex Express 705 è partito da circa 20 minuti dall'aeroporto della città dello stato del Tennessee. Si trova a circa 4900 metri di altezza e sta continuando la sua ascesa, senza eventi da segnalare.

All'interno del cockpit[6], l'atmosfera è rilassata: capitano, primo ufficiale ed ufficiale tecnico si lasciano andare a qualche chiacchiera, alternata alle informazioni tecniche di routine.

Dietro di loro, nel poco spazio riservato ai viaggiatori in quello che è un aereo cargo, siede l'unico passeggero. È anch'egli un impiegato Fedex, e proprio mentre raggiungono i 16.000 piedi apre la custodia per chitarra che è da sola tutto il bagaglio

---

[6] Cockpit: Cabina di pilotaggio

che si è portato in quel volo verso San Josè, in California. Dalla custodia estrae alcuni oggetti, e si dirige in cabina di pilotaggio.

Quell'uomo si chiama Auburn Calloway.

Calloway era nato 42 anni prima, a Washington DC. Studente modello ed esperto di arti marziali, era stato accettato alla Stanford University, dove si laureò brillantemente, per poi arruolarsi nella US Navy, la marina militare statunitense.

AUBURN CALLOWAY AI TEMPI DEL SUO ARRUOLAMENTO

Poco prima dei suoi 35 anni, sua madre morì in ospedale. Da anni soffriva di schizofrenia e paranoia, ed era ricoverata da parecchio tempo. Il lutto ebbe un forte impatto su Auburn, che troncòi rapporti con il padre e i tre fratelli. Nonostante alcuni tentativi di riconciliazione, la scomparsa della madre Miriam segnò per Auburn il definitivo distaccamento dalla propria famiglia.

Nello stesso periodo Calloway si era sposato, e aveva messo al mondo due figli: un maschio e una femmina. Verso la fine degli anni Ottanta aveva anche trovato un lavoro alla Fedex, in qualità di Flight engineer[7]. Fondamentale si era rivelata la sua attività di volo nel periodo passato nella Marina Militare.

Nel tempo libero lo si vedeva spesso offrirsi volontario per lavori caritatevoli, e partecipava attivamente alla vita del quartiere.

Auburn inizialmente guadagnava un salario che all'epoca ammontava a circa 80 mila dollari l'anno, ma era riuscito a entrare in una traiettoria di carriera che porta prima a co-pilota, e, infine, a capitano. Il suo futuro consisteva in un salario quasi doppio rispetto a quello, già sostanzioso, iniziale.

Visto da fuori, Calloway era semplicemente un membro esemplare della società, e la sua vita era impostata su una traiettoria ascendente.

Purtroppo nel 1990 il suo matrimonio finì. Evidentemente però stima e affetto erano rimasti immutati, e i coniugi si separarono in toni cordiali. Auburn continuò ad avere rapporti amichevoli con

---

[7] Flight engineer: membro dell'equipaggio che si occupa dei complessi sistemi di bordo, assistendo i piloti nelle varie fasi del volo.

l'ex moglie, alla quale inviava costantemente denaro per il sostentamento dei figli, ora che loro tre vivevano in California.

Qualche tempo dopo, lo travolse lo scossone più grosso alla sua carriera. La FedEx, mentre valutava il suo avanzamento di carriera, scoprì che Calloway aveva pesantemente mentito nel suo curriculum, nello specifico aumentando di molto la propria esperienza di volo: se avesse riportato le ore correttamente, la compagnia di trasporti non lo avrebbe mai assunto. Calloway aveva quindi mentito, e fino a quel momento gli era andata bene.

Ma ora l'azienda per la quale aveva lavorato per anni aveva scoperto l'inganno, e aveva fissato una udienza disciplinare.

La data era fissata per l'8 Aprile 1994.

Il 6 Aprile di quell'anno, Calloway era comunque in servizio. Era partito da San José, in California, con un volo cargo carico di parti per computer, per atterrare poi a Memphis. Per mantenere la promessa della "consegna in 24 ore", lo stesso aereo sarebbe dovuto decollare il giorno dopo, per tornare a San José.

Ma il volo, prima di atterrare, era stato messo in un holding pattern[8] per l'intenso traffico. A causa di questi pochi minuti, l'equipaggio – tra cui Calloway – aveva sforato le 8 ore in servizio continuo. Le regole della Federal Aviation erano chiare: dopo 8 ore consecutive, era obbligatorio osservare una pausa di almeno 16 ore.

Auburn aveva provato a convincere il capitano a manomettere di qualche minuto il piano di volo, ma questi, sapendo la pignoleria dei controllori, aveva rifiutato.

Calloway era disperato. Voleva a tutti costi essere sul volo del giorno dopo, ma non ci fu modo.

Il giorno prima, il 5 Aprile, aveva messo mano a diverse cose della sua vita: aveva chiuso alcuni conti bancari, inviando circa 60.000 dollari alla ex moglie, e aveva aggiornato il suo testamento.

7 Aprile 1994. Il giorno prima dell'udienza disciplinare, il DC-10 cargo era pronto per ritornare in California, con il suo carico di parti elettroniche.

---

[8] Holding pattern: circuito di attesa. Consiste in una predeterminata manovra che ha lo scopo di mantenere l'aeromobile in una definita porzione di spazio, mentre attende di essere autorizzato a proseguire in rotta o ad iniziare un avvicinamento per l'atterraggio.

Dell'equipaggio chiamato per sostituire quello tenuto a terra a causa dello sforamento degli orari, il primo ad arrivare fu il collega di Calloway: l'ingegnere di volo Andy Peterson, il quale fu un po' sorpreso nel trovare, in cabina di pilotaggio, proprio Auburn. Questi lo salutò cordialmente, dicendo che avrebbe approfittato di uno dei bonus dell'essere impiegato di volo della FedEx: un passaggio gratuito sugli strapuntini subito fuori dalla cabina.

Mentre attendeva il resto dell'equipaggio, Andy cominciò a controllare i sistemi, e trovò il Cockpit Voice Recorder[9] spento. Lo accese come da regolamento. Dopo poco, mentre chiacchierava con Calloway, arrivarono il capitano David Sanders – ex pilota militare con 20 anni di esperienza in FedEx – e il primo ufficiale Jim Tucker, anch'egli di grande esperienza e con un passato militare.

Peterson si accorse di qualcosa di strano: il CVR risultava nuovamente spento. Lo resettò, pensando anche di annullare il volo se si fosse spento di nuovo, come da normative.

---

[9] Cockpit Voice Recorder (o CVR): dispositivo atto alla registrazione ambientale dei suoni in cabina. Il CVR registra sia da un microfono posto all'interno della plancia comandi che i suoni captati da microfono e cuffie dell'equipaggio.

I tre membri dell'equipaggio si misero a fare i controlli pre volo, e tutto sembrava a posto. Anche il CVR funzionava, quindi in orario, alle 15.00, il volo FedEx705 decollò senza intoppi.

Ore 15.25 circa. La porta della cabina si apre velocemente, mentre Calloway fa irruzione. Il trucco di spegnere il CVR non aveva funzionato, ma sa che l'apparecchio ha un loop di 30 minuti, quindi basterà volare in tondo per mezz'ora, per cancellare quello che sta per succedere.

Il piano è semplice: prendere il controllo dell'aereo, fingere un guasto, e schiantarsi. Magari proprio sopra alla sede centrale della compagnia che sta per licenziarlo, a Memphis. Ma Calloway non è mosso da rabbia: il suo freddo calcolo è rivolto verso i due milioni e mezzo di dollari che l'assicurazione avrebbe pagato ai suoi figli, in caso di morte durante il volo.

In mano ha un martello, e il primo a venire colpito, con una violenza inaudita, è chi lo ha sostituito in quel volo: Andy Peterson. Una, due, tre volte in rapida successione. Poi il primo ufficiale Jim Tucker, che non ha quasi il tempo di reagire.

Il capitano si gira istintivamente lasciando i comandi, ma viene colpito orribilmente anche lui. Una volta, due volte, subendo orribili ferite alla testa. Il piano di Auburn Calloway, mentre finisce di lottare contro un Sanders ormai svenuto, è quasi completato.

Quello che però non può prevedere, è che nonostante le menomazioni invalidanti, Tucker e Peterson riescono a reagire, nello spazio angusto della cabina. Calloway allora si ritira fuori, raggiunge la custodia della chitarra – dove sono nascosti anche altri martelli e un coltello – ed estrae una fiocina.

Rientra nella cabina, urlando: "Sedetevi! Sedetevi! Questa è reale, vi uccido!"

Peterson è a pochi passi da lui, ma la dozzina di ferite e il sangue perso gli impediscono di vederlo. Riesce però a vedere la punta della fiocina a pochi centimetri dal suo viso. La afferra, e si avventa contro Calloway. Dal suo sedile, anche il capitano – ripresi i sensi – si avventa contro il dirottatore.

L'aereo è ora in mano a Tucker, che fatica tenere il controllo. Dopo pochi istanti, mentre dietro di lui infuria una battaglia per la vita, si rende conto che la parte destra del suo corpo non funziona. I danni riportati al cervello gli stanno inibendo i movimenti.

Nonostante questo, reagisce alle urla dei colleghi, che, altrettanto feriti, non possono tener testa a Calloway. Tucker allora tira a sé la cloche, fino in fondo, e poi tutto a sinistra.

I tre uomini impegnati nella lotta si ritrovano scaraventati fuori dalla cabina, mentre il DC-10 viene lanciato in un giro della morte a più di 640 km/h. Una cosa mai tentata prima in quel velivolo.

A quel punto, il volo 705 è invertito, a testa in giù, a più di 19.000 piedi di altezza. L'air traffic control cerca disperatamente di mettersi in contatto, senza ottenere risposta.

Ma la lotta, sul retro, è impari. Peterson e Sanders chiedono aiuto, ma Tucker sa che non può lasciare i comandi. Aiuta come può: lancia il velivolo in manovre spericolate, e poi in una discesa verticale.

L'overspeed[10] sta suonando incessantemente, ma forse solo ora il first officer lo sente. Si rende conto

---

[10] Overspeed: in un aeroplano con motori a turbina, segnala che il compressore assiale ha ecceduto il suo massimo rateo operativo di rotazione. Questo può portare a danni meccanici delle pale della turbina, spegnimento e distruzione del motore.

che non solo ha superato le 500 miglia orarie, ma l'indicatore di velocità è a fondo scala. È almeno duecento chilometri l'ora più veloce del massimo strutturalmente consentito.

Ma i comandi dei motori, rimasti a massima potenza, sono alla sua destra. Dove il suo braccio non funziona più.

Con uno sforzo sovraumano riesce a raggiungerli con l'arto sinistro e a diminuire le tre manette. Riesce a livellare l'aereo, a millecinquecento metri di altezza. Pochi istanti prima erano a quasi seimila.

Tucker afferra ora le prime cuffie che riesce a raggiungere, e chiama l'ATC di Memphis.

"CENTRALE, CENTRALE, ASCOLTATEMI! Express 705, sono stato ferito, abbiamo un tentativo di dirottamento, datemi un vettore per favore, di ritorno a Memphis, sbrigatevi!"

Il CVR continua a registrare l'allarme "bank angle"[11]. Il DC-10 continua a resistere.

Da dietro la cabina arrivano brutte notizie: Calloway sta riuscendo a scappare alla morsa disperata di Peterson e Sanders, che chiamano nuovamente Jim in loro aiuto. "Aiutami! Questo figlio di puttana mi sta mordendo!" Tucker inserisce il pilota automatico, e l'aereo comincia a vibrare in maniera preoccupante. Il co-pilota raggiunge i due compagni. "SE TI MUOVI, TI UCCIDO!". E poi, verso Sanders: "Vai davanti, prendi il comando". Ora è il capitano a pilotare l'aereo e a comunicare con l'Air Traffic Control. Il vettore è per la pista numero 9. Ma il volo FedEX 705 è troppo pesante, non avendo usato carburante, troppo veloce e troppo alto.

E dal retro di nuovo ricominciano urla e suoni di lotta.

"INFILAGLI IN GOLA IL MARTELLO SE SERVE!", grida verso il fondo Sanders.

---

[11] Bank angle: angolo di inclinazione. L'allarme corrispondente indica un'inclinazione eccessiva sull'asse orizzontale, con conseguente rischio di far stallare l'ala (non avendo più quest'ultima portanza sufficiente).

"Tutto a posto?" Chiede la Torre.

"Beh, circa", risponde sempre Sanders.

Quest'ultimo deve prendere una decisione: mettere l'autopilota a 7.000 piedi, essendo troppo alto e veloce per la pista 9, e finire le problematiche con Calloway; oppure provare una manovra al limite fisico e strutturale del suo aereo. Ed è proprio questo che fa. Con virate strettissime, si porta in allineamento con la pista 36, che è più lunga. Carrello, flaps e freni aerodinamici vengono rilasciati contemporaneamente, per rallentare l'aereo.

"JIM, STA CERCANDO DI RIPRENDERE IL MARTELLO!"

Le ruote toccano la pista. Il suono è quello dei motori in full reverse. L'aereo si ferma.

"FATE SALTARE LA PORTA!" è l'ultimo messaggio radio di Sanders prima di raggiungere gli altri dietro. Polizia e ambulanza arrivano in simultanea, e la scena che si para loro davanti è raccapricciante. L'interno dell'aereo è completamente ricoperto di sangue. Calloway viene bloccato e ammanettato, e il personale medico assiste immediatamente i tre membri dell'equipaggio. Le ferite sono tante, tutte gravissime. Al processo tenuto contro Auburn Calloway, sono molte le prove indiziarie contro di lui. Una lettera alla moglie, i conti chiusi, il testamento... L'originario di Washington chiede venga riconosciuta la sua infermità mentale, ma la sentenza è categorica: ergastolo senza possibilità di rilascio. Tutt'ora è detenuto nel carcere di media sicurezza di Atlanta, nonostante la richiesta di grazia – rifiutata – fatta all'allora presidente Barack Obama. A causa delle ferite subite, nessuno dei tre membri dell'equipaggio è potuto tornare a volare commercialmente. Tucker, che aveva fatto tutte quelle manovre spericolate, ha dovuto subire diversi interventi che hanno comportato una lunghissima riabilitazione. Ha dovuto reimparare a parlare, leggere e scrivere. Riusciva a ricordare le frequenze di vari aeroporti in giro per il mondo, ma non il nome e i compleanni dei figli. Con incredibile forza di volontà, sedici anni dopo i fatti del volo Fedex 705, Jim Tucker ha ripreso a volare con un piccolo aereo privato, con il quale ha insegnato al figlio Andy i rudimenti dell'aviazione. David Sanders, Jim Tucker e Andy Peterson hanno ricevuto a più alta onorificenza al valore concedibile a piloti civili.

JIM E ANDY IN UNA FOTO RECENTE

SCANSIONA IL CODICE
PER ASCOLTARE

MA ORA NON IMPORTA PIÚ

Volo Germanwings 9525

Quattro selettori. Tra decine e decine di interruttori, bottoni, levette e indicatori, in un Airbus A320 l'autopilota si comanda in maniera quasi banale, con 4 selettori, nel pannello centrale del cockpit raggiungibile da entrambi i piloti.

Da sinistra a destra, queste piccole rotelle servono a modificare la velocità, la direzione in gradi, l'altitudine, e infine la velocità verticale, ovvero il rateo di ascesa o discesa con il quale l'aereo salirà o scenderà una volta impostata l'altitudine desiderata.

I selettori ruotano, e una volta giunti al valore desiderato basta premere. Con l'autopilota inserito, l'aeroplano farà poi tutto da solo...

È il terzo comando, quello che sta utilizzando Andreas: il selettore dell'altitudine. In questo volo mattutino da Dusseldorf a Barcellona, mentre il capitano è andato un attimo in bagno, Andreas Lubitz, primo ufficiale classe 1987, muove più volte il selettore verso il minimo, 100 piedi, e poi al massimo, 49.000. Poi di nuovo verso i 100. Per 5 volte fa questa prova.

Appena il capitano, Patrick Sondenheimer, torna in cabina, Lubitz riporta i valori a quelli di crociera. Il volo 9524 procede normalmente verso Barcellona, dove atterra qualche minuto dopo.

Andreas era nato in Bavaria, ma crebbe a Montabaur. Fu proprio nel campo di aviazione di quella cittadina tedesca che prese le prime lezioni di volo. Il ragazzino era un talento nato, e al talento a quell'età spesso si legano le passioni. Così fu anche per lui.

A Settembre 2008, non ancora ventunenne, venne quindi accettato dalla scuola di volo della Lufthansa, a Brema. La rotta era tracciata: un lavoretto pagato 400 euro al mese al Burger King per pagarsi le prime spese della scuola. Una ragazza conosciuta proprio al fast food, Katherine, che...

Ma le cose non andarono esattamente come sperava.

Un mese prima del suo compleanno, a novembre di quello stesso anno, Andreas dovette infatti interrompere il suo addestramento. Un male oscuro lo aveva preso. Un male che attanaglia e ti mangia da dentro, senza apparentemente lasciarti via di scampo.

Andreas Lubitz soffriva di una forte depressione, che lo portò ad essere ospedalizzato per qualche tempo.

La storia è simile ad altre mille e mille storie che hanno a che fare con questo mostro oscuro: un ragazzo giovane che sta male, malissimo. Una famiglia che non si dà pace ma che al tempo stesso non comprende, non capisce, non sa come agire. Un male che non ha sintomi quando scava, una tempesta che si manifesta quando il cielo è apparentemente sgombro. E tanta umanità, di qualsiasi età e a qualsiasi latitudine, affonda inesorabilmente, senza riuscire a trovare un salvagente.

Ma Andreas aveva qualcosa a cui aggrapparsi: il suo sogno di diventare pilota. Forse è su questo che lavorò, con lo psichiatra che lo aveva in cura. Ricominciò a correre le sue maratone, altra passione che aiuta il fisico così come la mente.

ANDREAS LUBITZ AI TEMPI DEL TRAINING PER LA COMPAGNIA LUFTHANSA

Nell'agosto 2009, un raggio di sole squarciò le nuvole: lo psichiatra accertò che il caso acuto di depressione era risolto totalmente. Lubitz tornò a Brema, alla Lufthansa, per completare il training camp. Un anno dopo si trasferì negli Stati Uniti, al centro della compagnia a Goodyear, in Arizona; ed infine un paio d'anni come steward, per continuare a pagarsi gli studi per la licenza da pilota commerciale.

Nel giugno 2014, Andreas Lubitz divenne primo ufficiale della Germanwings, la compagnia Low Cost della Lufthansa.

Intanto con Katherine, che nel frattempo aveva cominciato a insegnare, le cose si erano fatte serie. Sul campanello della casa c'erano già i due cognomi. La storiella di lui con la hostess, l'anno scorso, era stata perdonata. Ma...

Ma Andreas non era facile. A volte era ossessivo nella sua gelosia... Era già capitato che cronometrasse il percorso di lei dal lavoro a casa. E quelle altre stranezze... come quando andavano a mangiare la pizza, sempre nello stesso posto, al "Vulcano", dove sapeva che il pizzaiolo egiziano avrebbe acconsentito ad elencare minuziosamente ogni singolo ingrediente...

Ma arrivò il momento in cui Katherine non ce la fece più, e a inizio marzo 2015 preparò le valige. E se ne andò.

Ore 10.01 del 25 marzo 2015: il volo Germanwings 9525 decolla, con 20 minuti di ritardo, per la tratta di ritorno, Barcellona-Dusseldorf. L'equipaggio è lo stesso del volo di andata: il capitano Patrick Sondenheimer, e il primo ufficiale Andreas Lubitz. I due sicuramente sono un po' stanchi. Come spesso diceva Andreas, le condizioni di lavoro nelle Low Cost non permettono quello che lui ritiene il giusto riposo, le giuste tempistiche. Non a caso, Patrick si lamenta di non essere riuscito ad andare in bagno a Barcellona... Andreas annuisce, ripensando forse al fatto che lui invece non ne aveva avuto bisogno. Quel giorno non si era nascosto in bagno per prendere la medicina che gli avevano prescritto per i suoi problemi di vista. "Psicosomatico", aveva provato a dirgli, all'inizio, qualche dottorino del cazzo. Come se una perdita della vista del 30% fosse una robetta, per uno che con la vista ci lavora! Se si fosse scoperto...

Ma ora non importa più.

Alle 10.26 precise, il volo raggiunge la sua quota di crociera di 11.600 metri, e si mette in contatto con l'Air Traffic Control francese appena superata la costa di Toulon, poco a sud di Marsiglia.

"Se devi andare in bagno, ora è il momento", dice Andreas.

"Hai ragione, grazie. Prepara l'aereo per l'atterraggio", è la risposta del capitano.

"Spero. Vedremo." La risposta di Andreas è una battuta.

Sono le 10.27.

Due minuti dopo, Andreas gira il selettore numero 3, quello che determina l'altitudine. Lo porta rapidamente a fondo scala, a quota 100 piedi, ovvero 30 metri. Subito dopo, sul quarto selettore pone il rateo di discesa a meno 1800 piedi (o 500 metri) al minuto.

La prua dell'aereo comincia a puntare verso il basso, mentre i motori diminuiscono automaticamente di potenza per mantenere velocità e rateo di discesa costante.

Pochi istanti dopo, anche il primo selettore viene ruotato. La velocità viene settata a 275 nodi, circa 510 km/h

Ora, per combinazione della prua che punta decisamente verso il suolo e l'incremento della velocità, l'aereo scende ad una velocità di circa 1200 metri al minuto.

Il controllo di terra si allerta. Alle 10.33, notato il cambio di altitudine, chiede al volo 9525 quale sia la quota per la quale sono stati autorizzati. Non ricevono risposta.

Nel giro dei successivi 30 secondi, Marsiglia cerca di contattare il volo Germanwings per un totale di 4 volte, senza riscontro. Lubitz alza ancora la velocità, a 323 nodi.

Alle ore 10.34, il Voice Recorder della cabina registra un suono simile ad un forte ronzio. È il capitano che richiede l'accesso in cabina.

Dopo i fatti dell'11 settembre 2001, infatti, le cabine di pilotaggio sono isolate con pesanti porte blindate a prova di effrazione, per entrare va inserito un codice, e attendere che dal cockpit venga aperto tramite un selettore.

Ma Lubitz, invece di aprire, sposta quel selettore su "locked" - bloccato. Patrick è chiuso fuori.

"Germanwings, qui Marsiglia, rispondete per favore".

Il selettore di velocità viene portato a 350 nodi, il rateo di discesa è a 1800 metri al minuto.

Patrick prova a chiamare la cabina con l'interfono usato dagli assistenti di volo. Nulla.

Il voice recorder adesso registra due cose: il respiro regolare di Andreas, e, attutita dalla porta blindata, la voce di Patrick. Per tre volte, sempre più forte, urla di aprire.

A questa voce cominciano a sommarsi quelle dei passeggeri, che iniziano ad accorgersi che qualcosa non va. Patrick urla, minaccia, prega di aprire. Nulla.

Allora, l'esperto capitano – descritto come "uno dei migliori" dai suoi colleghi – decide che non c'è più tempo da perdere. Torna sui suoi passi e apre il kit di emergenza per gli incidenti. Ne estrae una corta e tozza ascia rossa, non particolarmente affilata, ma pensata proprio per sfondare lamiere.

Patrick inizia a battere furiosamente sulla porta blindata, con tutta la forza che quegli spazi angusti consentono.

Ma quella porta è progettata per sopportare ben altro, esplosivi compresi, e non cede. Quel banale strumento, pensato per garantire una maggiore sicurezza ai piloti e passeggeri, si sta rivelando una trappola mortale.

Marsiglia nel frattempo tenta di chiamare il volo 9525 varie volte, e un controllore militare della Difesa prova tutte le frequenze, ma senza successo. Un jet militare viene allertato per partire all'intercetto.

Altri aeroplani in volo nella zona, che nel mentre hanno ascoltato le comunicazioni, provano a loro volta a contattare l'equipaggio dell'Airbus, che però non risponde.

Il voice recorder, nel frattempo, registra alle 10.39 cinque pesantissimi colpi inferti alla porta della cabina nel giro di un minuto, con la voce del capitano che urla di aprire la porta. E questa volta sono ben udibili le urla terrorizzate dei passeggeri, che ormai hanno capito che sta succedendo qualcosa di terribile, dal momento che possono vedere dai loro finestrini il terreno avvicinarsi.

"Too low, terrain", dice una voce metallica. È il GPWS[12], il sistema progettato per avvertire i piloti, in mancanza di visibilità, che davanti a loro, e nella loro direttrice, c'è qualcosa. "Too low, terrain", di nuovo. E poi: "terrain, pull up", due volte. "Pull up", tirare su, altre due. Il voice recorder registra anche il respiro di Andreas. È calmo, profondo, distaccato. Il GPWS continua il suo urlo robotico. Soffocate, giungono ancora le grida dei passeggeri. Non più un singolo suono da parte di Andreas Lubitz. La registrazione si interrompe alle 10.41 e

---

[12] GPWS: Grownd Proximity Warning System, sistema atto a prevenire un'eventuale collisione dell'aeromobile contro il terreno o un ostacolo. E' una tipologia specifica di TAWS (Terrain Awarness Warning System), termine generico che viene utilizzato dalla FAA per classificare tutti quei dispositivi che sono in grado di riconoscere eventuali situazioni di pericolo tra l'aeromobile e il suolo o un ostacolo.

IL SITO DELLO SCHIANTO, CON SEGNATI I RITROVAMENTI

5 secondi, e in quell'esatto istante la stazione sismica dell'osservatorio di Grenoble, a 12 km di distanza, registra una scossa. Il volo Germanwings 9525 si schianta a più di 700 km/h sul fianco del Massif des trois Eveches, sulle alpi francesi. L'aeroplano si disintegra al contatto con il suolo, uccidendo tutte le 150 persone a bordo.

Le indagini da subito si sono concentrate sui due piloti, prima ancora di recuperare i nastri della scatola nera. L'appartamento di Andreas Lubitz viene sequestrato e perquisito meticolosamente, i suoi effetti personali e il suo computer analizzati con cura. Le scoperte che vengono fatte colgono di sorpresa i detective. Andreas, il giorno prima del volo, aveva ricevuto una mail dal suo medico curante, che lo pregava, quasi lo scongiurava, di non mettersi in volo. Gli aveva anche scritto un certificato medico da presentare al datore di lavoro, per giustificare l'assenza.

Andreas aveva spostato quella conversazione nel cestino. Sapeva fin troppo bene che quel pezzo di carta, assieme ai problemi di vista che lo stavano affliggendo, avrebbero fatto terminare immediatamente la sua carriera di pilota. Così, con Katherine che se ne era andata, e la carriera a rischio, qualcosa nel più profondo di Lubitz si era rotto. Definitivamente. Nel suo computer vennero anche trovate tracce di ricerche quali "come commettere suicidio" e "porte della cabina e procedure di sicurezza". In casa c'erano anche medicine per l'ansia, e furono scoperti appuntamenti con almeno 41 medici diversi, risalenti agli anni precedenti. "Un giorno farò qualcosa di grosso, e tutti si ricorderanno il mio nome". Questa frase l'aveva pronunciata, con tono minaccioso, parlando un anno prima delle condizioni di lavoro nelle Low Cost. Nessuno avrebbe potuto immaginare... E per legge, l'unico che forse sapeva, ovvero il suo medico curante, non poteva per nessun motivo contattare il suo datore di lavoro. Da quel giorno, molte compagnie aeree hanno imposto come buona pratica la presenza costante di almeno due persone autorizzate in cabina, in ogni istante del volo. I genitori del giovane pilota tedesco non si sono mai rassegnati all'idea che il figlio abbia potuto compiere un gesto del genere, e ancor oggi chiedono siano fatte ulteriori indagini. Ma le registrazioni, e la prova fatta nel viaggio di andata, lasciano poco spazio ad altre ipotesi. Gli investigatori hanno determinato che le volontà suicide di Andreas Lubitz siano state le sole cause, e hanno sottolineato come la totale assenza di un programma di uscita lavorativa per piloti i quali dovessero avere problemi fisici o psicologici è un problema che le compagnie aeree devono risolvere. Inoltre, le stringenti norme tedesche impediscono a chi ha avuto in cura Lubitz di divulgare alcunché, pena il carcere e la radiazione dall'ordine. Proprio le persone che avrebbero potuto risolvere il mistero di un problema che forse, neanche Katherine...neanche Katherine. L'unica persona, probabilmente, che abbia davvero conosciuto Andreas. E lo aveva lasciato, stremata. Ma aveva già deciso di tornare da lui, ora che aveva scoperto di aspettare suo figlio...

Ma questo, Andreas, non lo ha mai saputo.

L'AEREO FANTASMA

Volo Helios 522

14 Agosto, 2005, ore 9.00
Nello scalo di Larnaca, a Cipro, un Boeing 737-300 della compagnia cipriota Helios Airways si appresta ad iniziare il suo piano di volo, che prevede uno scalo ad Atene per poi proseguire verso Praga. L'aeromobile, costruito nel 1997, era arrivato a Larnaca la notte prima, e l'equipaggio di quel volo aveva segnalato ai tecnici della compagnia di aver udito strani rumori provenire dalla sezione di coda, e di aver osservato formazioni di ghiaccio all'interno di uno dei portelloni. Una squadra di manutentori aveva pertanto provveduto ad ispezionare la cabina e a condurre un test per verificare la presenza di eventuali perdite d'aria; uno dei tecnici aveva impostato l'impianto di pressurizzazione da "automatico" a "manuale", così da poter variare la pressione interna alla fusoliera agendo direttamente sulle valvole di sfiato dell'a-

ria, senza accendere i motori. Il test non aveva evidenziato alcuna perdita d'aria, sicché i manutentori segnalarono l'aereo come abile al servizio.

Il volo Helios 522 del 14 agosto, quindi, poteva procedere, con a bordo 115 passeggeri e 6 membri dell'equipaggio.

Alle ore 9.07, con poco ritardo sulla tabella di marcia, il Boeing 737-300 – battezzato Olympia – decolla senza eventi da segnalare.

Ai comandi del velivolo siede il cinquantanovenne comandante tedesco Hans-Jürgen Merten, con alle spalle 35 anni di carriera e un'esperienza di volo di 16.900 ore (delle quali 5.500 sui Boeing 737), messo sotto contratto dalla Helios come rinforzo per la stagione estiva. A coadiuvarlo, il primo ufficiale cipriota Pampos Charalambous, cinquantunenne, in forza alla Helios da 5 anni e vantante 7.549 ore di volo, delle quali 3.991 sui 737.

Alle ore 9.12, mentre l'aereo supera i 12.000 piedi (3.670 metri), nella cabina di pilotaggio risuona il Cabin Altitude Warning[13]. I piloti reagiscono im-

---

[13] Cabin Altitude Warning: allarme progettato per suonare qualora l'aeromobile sorpassi una certa altitudine senza la corretta pressurizzazione.

mediatamente diminuendo il rateo di salita, ma rimangono perplessi: il suono di avviso è identico al Take Off Configuration Warning[14]. Ma questo è un allarme che dovrebbe suonare in caso di aeromobile non pronto per la partenza, e solo a terra!

Nonostante questa incongruenza, entrambi gli esperti piloti scambiano questo avviso come un errore di sistema: infatti, fosse stato davvero il TOWS, non avrebbe senso che suoni ora...

L'aeromobile di conseguenza riprende a salire, mentre in cabina di pilotaggio cercano di capire cosa stia succedendo, ma senza grandi preoccupazioni.

Nei minuti successivi, altre luci si accendono nel cockpit superiore, a segnalare malfunzionamenti. Entrambe le spie riguardanti il sistema di condizio-

---

[14] Take Off Warning System (TOWS): Sistema di allarmi progettati per avvertire i piloti di errate configurazioni del velivolo, potenzialmente pericolose, prima della fase di decollo.

namento si accendono, indicando uno scarso passaggio di aria attraverso le ventole, e a questo punto si accende anche il Master Warning[15].

Si illumina anche la luce riguardante l'ossigeno per i passeggeri, quando, a circa 18.000 piedi (5500 metri), le maschere per i passeggeri vengono rilasciate in automatico.

Nel frattempo, il capitano si mette in contatto con il centro operativo di Helios, riportando ancora l'allarme come Take Off Warning System, e aggiungendo il malfunzionamento degli impianti di condizionamento, sia il principale che il secondario.

Qualche istante dopo, la comunicazione viene passata a un ingegnere Helios, lo stesso che la notte prima aveva supervisionato la pressurizzazione.

Il capitano ripete più volte: "Le luci dell'impianto di condizionamento sono spente".

---

[15] Master Warning (o Master Caution): indicatore facente parte dell'Annunciator Panel (pannello atto a raccogliere tutte le segnalazioni dello stato della strumentazione). Indica una situazione di pericolo immediato.

L'ingegnere chiede: "Potete confermare che il pannello di pressurizzazione sia settato su AUTO?".

Ma chi siede ai comandi sta ormai da qualche minuto soffrendo di ipossia, dovuta alla mancanza di ossigeno a quella altitudine. Invece di rispondere, chiede: "Dove sono i mei interruttori di raffreddamento delle apparecchiature?".

Questa è l'ultima comunicazione con l'aeromobile, che continua la sua ascesa, con il pilota automatico, fino a livellarsi a Flight Level 340, circa 34.000 piedi (10.000 metri).

Tra le 9.30 e le 9.40, l'Air Traffic Control di Nicosia tenta più volte di contattare l'aeroplano, senza successo.

Alle 9.37, esattamente 30 minuti dopo il decollo, il volo passa dal Flight Information Region[16] di Cipro a quello di Atene. Dovrebbe a questo punto mettersi in contatto con l'Air Traffic Control della capitale greca, ma c'è solo silenzio dal volo Helios 522.

---

[16] Flight Information Region (FIR): spazio aereo di determinate dimensioni, entro cui vengono fornite le informazioni di servizio (Flight Information Service – FIS) ed il servizio di allarme (Alerting Service – ALS)

Sono diciannove i tentativi di contatto da terra, tra le 10.12 e le 10.50. Tutti senza esito.
Alle 10.40, l'autopilota immette il volo in un Holding Pattern[17], presso il VOR[18] dell'isola di KEA, sempre a Flight Level 340[19]. L'aeromobile rimane in quell'Holding Pattern per i successivi 70 minuti.

Nel frattempo, dall'aeroporto militare di Nea Anchialos, due F16 Fighting Falcon[20] appartenenti alle forze aeree elleniche vengono fatti partire per intercettare il velivolo ormai silenzioso. Questi intercettano il volo 522 alle 11.24, ponendosi in formazione: un jet alla coda del Boeing, mentre l'altro si accosta da sinistra per cercare di ottenere un contatto visivo.

---

[17] Holding Pattern: Circuito di attesa

[18] VOR (Very High Frequency Omnidirectional Range): Sistema di radionavigazione, chiamata anche "radiofaro". Trasmette onde radio in VHF che vengono captate da un ricevitore a bordo, che le elabora e fornisce al pilota informazioni utili per capire la sua posizione in relazione al radiofaro stesso.

[19] Flight Level: superficie ideale a pressione atmosferica costante, contati a cinque a cinque. 340 in questo caso vuol dire 34.000 piedi. Gli aeromobili volano per livelli di volo quando si trovano a quote tali da non doversi più preoccupare degli ostacoli al suolo.

[20] F16 Fighting Falcon: aereo da combattimento multiruolo, sviluppato dalla General Dynamics per l'Aeronautica Militare statunitense, utilizzato anche dalle forze armate Italiane, elleniche, turche, israeliane, e altre

Quest'ultimo riesce a scorgere l'interno della cabina di pilotaggio. Osserva come il primo ufficiale sia accasciato, immobile, ai controlli, mentre il posto del capitano è vuoto.
Portandosi un po' più indietro riesce a scorgere i passeggeri, e le maschere penzolanti sono ben visibili dai finestrini. Ma nessuno sembra rendersi conto del jet militare a pochi metri: nessuna di quelle sagome reagisce a quella vista.

Alle 11.49, i piloti militari scorgono improvvisamente del movimento nella cabina di pilotaggio. Un attendente di volo è entrato, e si è seduto ai comandi.
Indossa una maschera portatile, di quelle d'emergenza presenti per l'equipaggio.
Fa un breve gesto in direzione del jet, prima di provare freneticamente a recuperare il controllo dell'aeromobile.

L'attendente di volo è Andreas Prodromou, e non avrebbe dovuto essere su quel volo: aveva ricevuto una chiamata solo tre ore prima della partenza, per sostituire una collega malata.
Andreas aveva accettato di buon grado, perché su quel volo era di turno la sua fidanzata, Haris Charalambous.

ANDREAS PRODROMOU E HARIS CHARALAMBOUS

Ed è proprio lei che, con un'altra maschera portatile, entra nella cabina poco dopo. Sa che il suo compagno ha una licenza di volo ottenuta nel Regno Unito come pilota commerciale. Sicuramente ripone le sue speranze su Andreas.

Fino a quel momento non erano riusciti ad entrare nel cockpit: per questioni di sicurezza, solo chi sta all'interno può aprire la porta che divide dai passeggeri. Ed entrambi i piloti erano senza sensi, o già deceduti. La porta con sistema antiterrorismo rimase chiusa per interminabili minuti, fino a che, quando uno dei motori aveva cominciato a perdere potenza per mancanza di carburante, si era aperta. E Haris aveva visto entrare Andreas in cabina per provare a recuperare il controllo.

Ma Andreas non è qualificato per volare su un Boeing 737, e cerca disperatamente di mettersi in contatto con l'Air Traffic Controller. Quello che non sa, è che non era stato fatto il passaggio dalle frequenze cipriote a quelle elleniche: nessuno sente i cinque distinti "mayday", che verranno registrati solo nella scatola nera.

Nel frattempo, alle 11.50, il motore numero 1, quello di sinistra, smette del tutto di funzionare a causa della mancanza di carburante. Il volo Helios 522 comincia a perdere quota.

Dieci minuti dopo, anche il motore numero due si spegne.

Quattro minuti dopo, il Boeing 737-300 denominato Olympia si schianta nei pressi della località di Grammatiko, a pochi chilometri da Atene.

Tra le 121 persone a bordo non ci sono sopravvissuti.

Le successive investigazioni sull'incidente hanno portato alla luce la catena degli eventi che hanno causato il disastro.
Innanzitutto, nei controlli della notte prima, a operazioni concluse, il sistema di pressurizzazione non era stato riportato in automatico. Questa anomalia però avrebbe dovuto essere notata dagli esperti piloti in fase di checklist pre-decollo. Ma così non avvenne.

Non solo: i piloti non se ne accorsero in ben tre occasioni: il check pre volo, il check post accensione, e il check post decollo. In nessuna di queste occasioni si resero conto del settaggio errato. L'aereo prese quindi il volo con il sistema di pressurizzazione settato su "manuale", ed una valvola a poppa parzialmente aperta.

All'altitudine di 12.040 piedi l'allarme avrebbe dovuto imporre ai piloti di fermare l'ascesa, ma venne identificato erroneamente. Da qui, tutti gli altri segnali vennero male interpretati a cascata.

Nel marzo del 2011, la FAA (ovvero l'organo federale di controllo dell'aviazione statunitense), impose a tutti i Boeing 737 con modelli dal 100 al 500 di installare due luci di avvertimento ulteriori, per differenziare maggiormente difetti nel sistema di pressurizzazione e in quello della configurazione al decollo. L'obbligo è tassativo dal 14 marzo 2014, 9 anni dopo l'incidente del volo 522.

A seguito delle cause intentate, la Helios venne condannata per aver "cercato scorciatoie" nella manutenzione dei velivoli, e di non aver prestato attenzione alle lamentele dei piloti in più occasioni.

I RESTI DELLA CODA DEL VOLO HELIOS 522

Ma la Helios, che nel frattempo aveva cambiato nome in AlfaJet, aveva comunque interrotto ogni operazione già il 31 ottobre 2006.

Nella tragedia hanno perso la vita 107 ciprioti, 13 greci, e il pilota di nazionalità tedesca. Il vano sforzo di Andreas e Haris è stato registrato nel cockpit recorder, rendendo possibile il loro successivo riconoscimento da parte di amici e colleghi.

INFERNO DI FUOCO

Volo Hindemburg LZ-129

IL CAPITANO MAX PRUSS CON I SUOI SOTTOPOSTI NELLA GONDOLA DI COMANDO DEL DIRIGIBILE

6 Maggio, 1937. Stazione Aeronavale di Lakhurst, New Jersey. Ore 7.05 circa.

Il capitano Max Pruss ha il suo bel daffare per contenere i movimenti di quell'enorme bestione. All'interno della gondola di comando, verso il fronte, si trova la ruota del timone di direzione laterale, che sposta a destra e sinistra la prua sull'asse di imbardata. A sinistra, uguale nella forma e nelle dimensioni, la ruota che comanda il beccheggio, responsabile dello spostamento verso l'alto o verso il basso.

Pruss controlla con uno sguardo verso terra, in ogni direzione, muovendosi lungo lo spazio di comando. Sopra di lui, l'enormità di quell'incredibile oggetto di ingegneria che è l'LZ-129 Hindenburg.

Le cose non stanno andando come il capitano vorrebbe. Il ritardo accumulato è di quasi 12 ore, dopo le 6 in più della traversata, e l'aeronave deve essere preparata al più presto per il viaggio di ritorno, i cui biglietti sono andati a ruba già da un po'. È tanta la gente altolocata che vuole volare verso Francoforte, per poi assistere all'incoronazione di Re Giorgio VI e della Regina Elisabetta, la settimana prossima a Londra.

L'aeronave deve attraccare, al più presto. Basta ritardi.

Dalle 7.09, per circa dieci minuti, Pruss effettua virate strette ad alta velocità, prima a sinistra e poi a destra, per provare ad allinearsi. Alle 7.14 è a soli 120 metri di altezza e ordina: "motori indietro tutta!", per rallentare l'Hindenburg mentre si avvicina al pilone di ormeggio. C'è qualcosa che non va, però... la prua è alta... forse il vento...

Alle 7.18 vengono scaricati prima 300, poi altri 300, ed infine 500 kg di acqua, utilizzata come zavorra. Ancora quella prua troppo in alto...

Il capitano ordina perentorio: "che sei uomini vadano a prua, immediatamente, a fare da contrappeso".

La situazione pare migliorare, e alle 7.21 l'Hindenburg cala finalmente le cime affinché vengano raccolte dagli uomini a terra, che le fisseranno ben salde. Pruss probabilmente sospira, mentre comincia a cadere una fastidiosa pioggia...

Solo poche ore prima, dall'ufficiale radio era arrivato il messaggio che c'era cattivo tempo a Lakehurst. Non ci voleva proprio: nei tre giorni di traversata oceanica i forti venti contrari avevano già rallentato di parecchie ore l'arrivo. E ora quel temporale...

Ma non ci si poteva fare nulla, e Pruss aveva condotto l'Hindenburg, per passare il tempo, a farsi notare in tutto il suo splendore, sopra i cieli di Manhattan.

L'HINDENBURG SUI CIELI DI MANHATTAN

Ai facoltosi passeggeri di questo viaggio alla portata di pochi, di certo non spiaceva notare la gente uscire dalle case ed ammassarsi per le strade per vedere quel gigante dei cieli, con il naso tirato all'insù per scrutare i dettagli dalla prua fino agli impennaggi di poppa, con quelle enormi croci uncinate dipinte sopra e sotto.

E l'Hindenburg di certo non passava inosservato.

Lungo 237 metri, solo pochi in meno dello sfortunato mastodonte Titanic, l'aeromobile aveva visto il suo primo volo un anno prima, nel 1936. La sua costruzione era stata lunga e laboriosa: iniziò nel 1931, con ritardi immediati da parte del fornitore dei motori, la Daimler-Benz, che cercava disperatamente di creare propulsori che avessero le caratteristiche richieste dagli ingegneri della azienda costruttrice, la famosissima Zeppelin.

L'enorme ovale allungato che costituiva la parte principale conteneva al suo interno una serie di meraviglie tecniche e di comfort.

La struttura era composta da un enorme scheletro in lega di alluminio, solida e leggera, che correva per l'intera lunghezza e larghezza del corpo centrale, con parti dritte e altre curve a dare quella forma particolare, inconfondibile.

Al suo interno, al centro, un lungo corridoio di servizio – chiamato corridoio della chiglia – collegava da prua a poppa, con uscite perpendicolari che portavano ai 4 motori esterni, per eventuali riparazioni e manutenzione.

La maggior parte dello spazio interno era occupato da 16 enormi celle di cotone, contenenti in totale circa 140.000 metri cubi di idrogeno. Originariamente l'Hindenburg avrebbe dovuto essere riempito di elio, che è più pesante, e quindi meno utile a mantenere l'aeromobile in volo, ma al contempo è anche molto meno infiammabile. All'epoca però la Germania nazista aveva un problema a riguardo: gli Stati Uniti, grandi produttori di elio, non lo volevano vendere ai tedeschi. Da qui la scelta, e l'aeronave era stata riempita con idrogeno.

Mentre volavano sui cieli statunitensi, il capitano Pruss camminava nervosamente avanti ed indietro per gli spazi dell'Hindenberg: sapeva che non potevano tardare ancora molto. Questo viaggio di andata aveva avuto pochi passeggeri, solo 36 paganti su 70 di capienza totale. Tra questi, anche la simpatica compagnia di una famiglia con due fortunati bambini, il più piccolo – Werner Doehner – di soli 8 anni. Dai, 37 passeggeri, contando il pastore tedesco Ulla... ma lei non ha pagato, quindi... 36. Ma al ritorno... al ritorno sarebbero stati pieni! All'interno dell'aeronave c'erano tutti gli spazi vitali: oltre alle cabine per l'equipaggio di 61 persone, e gli spazi adibiti a posta e radiocomunicazioni, l'Hindenburg aveva due ponti dedicati ai passeggeri. Il ponte A, quello superiore, era di squisita fattura. Oltre alle finestre angolate panoramiche ed alle stanze da letto, aveva una sala da pranzo decorata con una mappa del mondo, una zona dedicata alla lettura e scrittura, e addirittura una zona lounge con un vero pianoforte a coda! Questo pianoforte, forse, non aveva la migliore acustica possibile, è vero... del resto, per evitare di portare a bordo uno strumento di quasi 500kg, ne era stato costruito appositamente uno in alluminio, che pesava quasi la metà.

Nella sala inferiore, oltre alle scale per accedere e sbarcare dall'aeronave, si trovavano i bagni, una zona fumatori completamente pressurizzata per evitare incendi, e l'accesso – interdetto ai passeggeri – per il corridoio della chiglia.

LA PRUA DELL'HINDEMBURG SI SOLLEVA CON UNA LINGUA DI FUOCO, MENTRE LA POPPA PRECIPITA AL SUOLO

Sotto il ponte B, leggermente verso prua, c'era la gondola di comando, l'unica zona esterna. Da qui gli esperti piloti agli ordini di Pruss potevano direzionare quello che a tutti gli effetti era un gigante dell'aria. Ore 7.22. Quasi dodici ore di ritardo, ma finalmente ci siamo: questo, probabilmente, il pensiero di passeggeri ed equipaggio. Le cime sono state lanciate, gli uomini da terra si stanno muovendo rapidi...

Dal suolo, oltre ai passeggeri in attesa di poter salire, gli sguardi verso l'alto sono molti. Tra questi, quelli di Herbert Morrison, giornalista radio che da ore attende la possibilità di descrivere, per i suoi ascoltatori, l'attracco finale, la maestosità dell'aeronave, e...

Ore 7:24. Alcune persone da terra notano come uno sventolio, verso il timone posteriore, e...

Improvvisamente.

Alle ore 7.25, la poppa dell'Hindenburg, non ancora fissato all'ormeggio, erompe in una terrificante fiammata. Il timone comincia a scendere verso il basso, trascinando in quella direzione l'intera struttura.

Dalla punta estrema a prua esplode una lingua di fuoco alta svariati metri che comincia a consumare a velocità incredibile l'aeromobile, incontrandosi poi con le fiamme che arrivano da poppa, mentre lo scheletro di quel gigante si accascia senza vita al suolo.

LE FINESTRE PANORAMICHE

Dalla prima fiammata alla distruzione totale passano solamente 32 secondi. Herbert Morrison urla il suo strazio nel microfono, in quello che diventerà uno dei più iconici momenti di testimonianza radiofonica della storia.

"Oh, the humanity!" grida disperato Herbert, mentre l'Hindenburg brucia. La sua voce, iconicamente morbida e profonda, è ora uno straziante squittio, mentre cerca di trattenere le lacrime e fare il suo lavoro di cronista.

Nel frattempo, all'interno dell'aeromobile impera il caos. La maggior parte dei passeggeri stava assistendo all'attracco dalle zone comuni, e l'equipaggio dai loro posti assegnati.

Dove si trovassero in quel momento, ha deciso il loro destino.

A poppa c'erano quattro i membri dell'equipaggio, che uscirono quasi illesi grazie alla repentina discesa di quella zona, dalla quale riuscirono a saltare.

A prua gli uomini erano 12, e l'impennata di quella parte impose loro di provare a salvarsi gettandosi da una grande altezza. Solo in 3 sopravvissero.

Nelle sale centrali si trovavano altre sette persone, tra le sale macchine e quelle di comunicazione. La struttura collassò su di loro, e il solo Philipp Lenz, capo elettricista, si salvò perché rimase nella centrale elettrica, pressurizzata e risparmiata dal fuoco.

Chi si trovava nella gondola di comando e nella zona ad essa contigua ebbe più fortuna, potendo saltare verso la speranza e lontano dal fuoco, anche se molti subirono pesanti ferite. Tra questi, il comandante Pruss.

Trentuno passeggeri e sette membri dell'equipaggio erano sul ponte A. Ventidue di questi si trovavano nella sala da pranzo di sinistra, e riuscirono a sopravvivere lanciandosi dalle finestre. Chi scelse la sala dall'altra parte non fu così fortunato.

Il ragazzo di cabina, Werner Franz, di soli 14 anni, era svenuto a terra. Uno squarcio in una cisterna lo risvegliò con la sua cascata di acqua, giusto in tempo per farlo alzare e correre, protetto dalle fiamme per quanto era zuppo.

A terra, un negoziante locale, assunto quale membro civile dell'equipaggio di manovra, morì per le gravissime ustioni.

In totale, le morti furono 35: 13 passeggeri e 23 dell'equipaggio. Incredibilmente, i sopravvissuti furono 62, per quanto alcuni con gravi ferite.

Ancor oggi non c'è certezza su cosa causò l'incendio. Uno dei motivi per i quali è difficile sapere cosa sia successo, è il fatto che la Germania nazista recuperò quanto più in fretta poteva le contorte lamiere in lega di alluminio dal luogo del disastro, per poi fondere il tutto e riutilizzare il materiale per costruire aerei per la sua Luftwaffe.

Tra le teorie più accreditate, quella della scintilla di energia statica tra pilone di ancoraggio e coda dell'aeromobile, oppure un fulmine, o ancora, un problema a un motore. Qualsiasi fosse la causa, tutti concordano sul fatto che l'idrogeno, scelto al posto dell'elio, fu un fattore determinante nel creare la tragedia, con la sua altissima infiammabilità

Werner, l'altro ragazzino a bordo, di soli 8 anni, riuscì a sopravvivere, così come sua madre. Perse però il padre e la sorella maggiore, quel giorno.

È morto nel 2019, ultimo testimone, all'età di 90 anni.

Di quel giorno ci rimangono le immortali parole, strazianteme umane, di Herbert Morrison, poi aggiunte alle immagini per il cinegiornale *Pathè* che fece il giro del mondo, sconvolgendolo, e portando i viaggi in aeromobile ad una fine prematura di lì a qualche tempo.

MIRACOLO DI NATALE

Volo LANSA 508

Delle tante varietà di aeroplani commerciali costruiti nella seconda metà del '900, uno dei più interessanti è sicuramente il Lockheed L-188 Electra. Da una parte perché è il primo aereo a turbo propulsione di grandi dimensioni costruito negli Stati Uniti, con il primo volo datato 1957. Ma lo è anche per la sua conformazione: i quattro motori, estremamente potenti, uniti ad una apertura alare davvero limitata, facevano dell'Electra non solo un aeroplano che poteva competere anche con i successivi aeroplani jet, ma avere delle performance di decollo su piste corte migliori di alcuni aeromobili di oggi. Non a caso, ben 25 L-188 sono tutt'ora registrati in varie parti del mondo. La sua storia però è inframezzata da una serie di incidenti, alcuni dei quali dovuti a problemi strutturali e di progettazione. Tra il 1959 ed il 1968 si contano ben 11 tragedie con conseguenze mortali per passeggeri e personale di bordo.

UN LOCKHEED L-188 ELECTRA DELLA COMPAGNIA LANSA

E poi ancora uno, nel 1970, quando un Electra della compagnia LANSA si schiantò poco dopo il decollo da Cusco, in Perù, uccidendo 99 delle 100 persone a bordo, e due a terra.

È il giorno della Vigilia di Natale del 1971, un anno e mezzo dopo quel tragico incidente.

Juliane Koepcke non capisce l'ansia della madre, Maria. Mentre camminano verso quel quadrimotore della LANSA che li riporterà dal padre, la diciassettenne trattiene a stento un sorriso. "Mamma… non è il primo aereo che prendiamo… dai su!". Maria cerca di sorridere. Ma il marito ha passato giorni a dirle di *non* comprare quei biglietti, che la LANSA non era una compagnia seria,

LA FAMIGLIA KOEPCKE, A FINE ANNI '60

che già l'anno scorso li avevano sospesi per 10 giorni dopo l'incidente di Cusco...

Ma erano gli ultimi biglietti, trovati solo grazie ad una cancellazione, e Juliane ci teneva così tanto a rimanere per la proclamazione, ieri... Quello che non possono sapere, è che quei posti erano stati riservati dal famoso regista Werner Herzog, che alla fine non era potuto partire. Chissà se Juliane sa chi è...

L'infanzia della teenager di origini tedesche era stata peculiare. Figlia di un biologo e di una ornitologa, Juliane prima aveva seguito i genitori a Lima, e quando aveva quattordici anni si erano tutti trasferiti a Panguana, una stazione di ricerca nella Foresta amazzonica.

La giovane era diventata una sorta di "figlia della foresta" in quegli anni, apprendendo alcune tecniche di sopravvivenza assieme al padre. Ma la pratica dell'*homeschooling* non era piaciuta alle autorità scolastiche, e Juliane era dovuta tornare a Lima per fare un esame aggiuntivo. Lo aveva passato brillantemente, il 21 dicembre.

Ma la proclamazione era stata il 23, e i genitori non avevano avuto il coraggio di negarle quella soddisfazione, dopo anni in cui l'avevano giocoforza costretta a zone isolate e poco popolate...

E da lì il problema: le festività, i biglietti esauriti... ma Maria non avrebbe saltato un Natale in famiglia! Del resto... sono solo le ansie di Wilhelm...

Il volo LANSA 508 si stacca dal suolo pochi minuti dopo le 11 del mattino della vigilia di Natale. Il piano di volo prevede come destinazione l'aeroporto internazionale Francisco Secada Vignetta, a Iquitos, con uno stop-over a Pucallpa, destinazione di Joane e Maria. A bordo 86 passeggeri e 6 membri dell'equipaggio.

Il quadrimotore sale con un po' di fatica alla quota stabilita di 21.000 piedi: è molto vicino al suo carico massimo, a causa non solo dei passeggeri, ma soprattutto per i tanti bagagli (e i molti regali!) caricati da ognuno di loro.

Dopo circa mezz'ora di volo, giunti finalmente ai 6400 metri di altezza, per i piloti della Lìneas Aereas Nacionales Sociedad Anonima (nome completo della LANSA), il compito non è più quello di adattarsi ad un aereo pesante e più difficile da governare, quanto cercare di capire cosa fare: di fronte a loro, infatti, il muro di nuvole cariche di pioggia è decisamente più minaccioso di quanto dicesse il bollettino meteo che avevano consultato prima di partire.

In cabina di pilotaggio si discute per vari minuti sul da farsi, ma poi, come spesso accade, è il pragmatismo che vince: è la vigilia di Natale, tornare indietro vorrebbe dire 86 passeggeri – più i parenti in attesa agli aeroporti – furiosi. E la compagnia già non è in buone acque...

Si procede, dentro al temporale.

Maria, istintivamente, stringe la mano della figlia, di fianco a lei. Juliane stava guardando il finestrino; si gira dapprima preoccupata ma poi, compreso il gesto, con un sorriso verso la madre.

"Non mi piace. Non mi piace proprio". Ma Juliane non l'ascolta, rapita nuovamente dalle nuvole e dai lampi di luce che circondano, come fossero al cinematografo, tutto ciò che è visibile da quel quadrato rivolto all'esterno.

Qualche minuto dopo, però, l'aereo scompare in una nuvola ancor più scura. Questa volta è Juliane a stringere per prima la mano alla madre.

Il Lockheed L-188 comincia a ballare violentemente in tutte le direzioni. I compartimenti si aprono da soli, e alcune valige iniziano a cadere sulle teste dei passeggeri, così come i regali confezionati con carta colorata, impacchettati con tanta cura, solo poche ore prima. Si vedono cadere e poi ruzzolare fuori anche torte, dolciumi e.

I fulmini si intensificano. Un paio di passeggeri, verso la coda, iniziano a urlare a ogni scossone più forte. Un uomo piange senza riuscire a contenersi. La paura comincia a serpeggiare anche tra i viaggiatori più esperti.

Alle 11.53 circa, un bagliore accecante si sprigiona a sinistra dell'aereo. Un fulmine colpisce in pieno il motore più esterno, che prende fuoco immediatamente. Il volo 508 sbanda paurosamente a sinistra, poi a destra e verso il basso, a causa delle correzioni disperate dei piloti. Ormai è una piuma di lamiera in mezzo alla burrasca.

A poppa si sprigiona un incendio, probabilmente a causa di un cortocircuito. Ora le grida dei passeggeri sovrastano qualsiasi altro rumore.

Juliane e Maria invece sono silenziose. Paralizzate dalla paura, ma silenziose.

"Questa è la fine. È finito tutto." La voce della madre, per quanto è calma, sorprende la giovane teenager.

L'aeromobile sembra fare un balzo, e poi la prua si inabissa verso giù. Tutto è buio, con le luci saltate e l'esterno avvolto da una nuvola talmente spessa da sembrare fuliggine. L'aereo inizia a disintegrarsi, perdendo pezzi di fusoliera, e alcuni passeggeri sono risucchiati verso l'esterno, verso il vuoto. La frattura si allarga, arrivando ai posti dove siedono le due donne assieme a uno sconosciuto. Maria e l'uomo alla sua destra vengono risucchiati verso il vuoto.

Pochi istanti dopo, l'intera fila di poltrone viene scaraventata verso l'esterno, con Juliane ancora saldamente legata ad essa. La giovane ha gli occhi chiusi, ma si accorge che è cambiato qualcosa dal rumore. Che non c'è più. Solo il vento. Perde conoscenza

Apre gli occhi e si rende conto di essere in caduta libera, da migliaia di metri di altezza, senza null'altro attorno. E a testa in giù, mentre rotea vorticosamente.

Sotto, il verde brillante della Foresta amazzonica – a lei così cara – che le si fa sempre più vicino. "Sembra un cavolfiore… sembra come… broccoli!". È l'ultimo pensiero di Juliane, prima perdere conoscenza, qualche attimo prima di schiantarsi a terra, dopo una caduta di circa 3000 metri. Il buio. Qualche tempo dopo, in mezzo alla foresta, la ragazza diciassettenne apre gli occhi. O quantomeno ci prova. È in completo stato di shock. Come un automa si slaccia la cintura. Poi, di nuovo, buio.

La mattina del 25 Dicembre, poco dopo le 9, Juliane si sveglia di nuovo. Guarda l'orologio, che funziona ancora.

"Sono sopravvissuta ad un incidente aereo". È il suo primo pensiero, che precede ogni altra cosa. La sopravvivenza.

Si trova ancora sotto al suo sedile, con la cintura slegata. Non ricorda di averla slacciata lei stessa.

Ha una clavicola rotta, gli occhi pesti, e una forte concussione. La testa le gira in maniera insopportabile.

Prova ad alzarsi, ma le gambe non reggono, quindi, come può, striscia fuori dall'opprimente peso delle poltrone sulle quali aveva viaggiato. Ancora l'istinto che precede ogni cosa: cerca i suoi occhiali. Ma non sono da nessuna parte.

Solo ora si accorge che sta ancora piovendo, incessantemente. La diciassettenne comincia a piangere, e le sue lacrime si confondono con i rivoli di acqua che le scendono dai capelli biondi.

Un brivido la risveglia da quel torpore. Indossa solo un vestitino smanicato, e le gocce sulla pelle la fanno rinsavire. Tira su col naso, tre respiri profondi, e inizia a cercare di ragionare.

Per prima cosa, deve cercare di capire come sta. Può vedere la clavicola spezzata sotto la pelle, ma il dolore è sopportabile. Gli occhi, soprattutto il destro, sono semi chiusi. Ma a preoccuparla sono il profondo taglio sulla gamba, e ancor più quello sull'avambraccio, che è chiaramente già infetto. "Non voglio perdere il braccio... non voglio che me lo amputino..."

Juliane si alza come può, e si avvicina ad una foglia larga lì vicino, come le aveva insegnato il padre: se la piega può raccogliere un quantitativo sufficiente di acqua piovana per potersi dissetare.

Poi inizia a vagare a piccoli cerchi concentrici, in mezzo alla vegetazione, chiamando la madre a voce sempre più forte. Mancandole una scarpa, non vedendo bene, e sapendo che nei paraggi potrebbero esserci dei serpenti che amano mimetizzarsi con la vegetazione, cammina lentamente: prima avanti il piede sinistro, quello con la calzatura superstite, e poi avanti con l'altro. Si lascia dietro una traccia ben chiara, per poter tornare al punto di partenza. Il tutto con una lentezza estrema, inframezzata da lunghe pause per riposare e riprendere le forze.

Della madre, Maria, nessuna traccia. Così come di nessun altro. Con il calare delle tenebre, Juliane si addormenta sul fogliame.

La mattina del 26 Dicembre la giovane sopravvissuta riprende a camminare, e ad un tratto sente un rumore che conosce: è il verso di una specie di avvoltoi che – come le aveva spiegato la madre – volano in tondo sopra alle carcasse degli animali morti. Li intravede attraverso il fitto fogliame, e riesce ad intuire il luogo sopra il quale stanno volando.

La scena che le si presenta davanti è raccapricciante. Una fila di tre sedili, quasi integra, è piombata al suolo come la sua. Attaccati ad essa ci sono tre persone a testa in giù: la velocità della caduta ha fatto sì che sprofondassero a quasi due metri dentro il terreno reso soffice dalle piogge. Si vedono spuntare solo i piedi.

Juliane ricomincia a piangere: ci sono le estremità anche di una donna, e lei teme sia sua madre. Preso tutto il coraggio che ha, con un bastone sposta i piedi della vittima. E vede che hanno le unghie smaltate. Sua mamma non ha le unghie smaltate. Sentendosi vagamente in colpa, tira un sospiro di sollievo.

Il suo sguardo viene attirato da un altro pezzo di aereo, poco distante, conficcato anch'esso in parte nel terreno. Con non poca fatica, lo estrae quanto basta per aprire quello che scopre essere uno stipetto di qualche tipo. Al suo interno, per sua grande gioia, qualcosa da mangiare: dolciumi di Natale, confezionati da chissà chi come regalo a chissà quale parente o amico.

L'istinto è quello di mangiarli tutti, vista la fame che ha, ma ancora una volta ricorda i dettami del padre: razionare. Ingurgita qualche morso, e il resto lo mette in tasca.

Muoversi per Juliane è sempre più ostico, tra le dolorose ferite, le scarse forze e la difficoltà di farsi strada nella natura incontaminata e selvaggia. Quella sera, fatti ancora pochi metri in linea retta, si sdraia esausta.

Il braccio comincia a farle male. Ora può vedere chiaramente alcuni vermi che hanno cominciato ad infestarle le ferite. Poco tempo dopo si addormenta, tra le lacrime di disperazione e gli incubi del delirio febbrile.

Il 27 Dicembre, Juliane si accorge che anche il suo orologio ha smesso di funzionare. Non sa quindi che ora sia, ma per la prima volta sente il rumore di un aereo che vola basso. È sicuramente un velivolo mandato a cercare eventuali superstiti, ma in mezzo a quel groviglio di piante non riesce nemmeno a vederlo, figurarsi a farsi vedere lei. Vorrebbe urlare di rabbia, ma non ha la forza neanche per questo. La giovane continua allora a procedere, lentamente, in linea retta.

Verso la fine di quel giorno, si imbatte in un minuscolo ruscello. Ancora una volta, gli insegnamenti del padre le riaffiorano alla memoria: "Se ti perdi nella foresta, segui sempre i corsi d'acqua. Ognuno di essi andrà verso un corso più grande, e via via verso un fiume. E lungo i fiumi c'è civilizzazione". Juliane fa esattamente così, e con rinnovato vigore scende lungo il ruscello. Sempre con quella lentezza estenuante. E con sempre meno dolciumi in tasca.

Un giorno indefinito tra il 30 dicembre ed il primo gennaio, finalmente, raggiunge un fiume. Ma le speranze vacillano velocemente: la via d'acqua è chiaramente ostruita in vari punti da tronchi, e questo vuol dire che non è spesso utilizzata da barche. Un'altra volta, il suo spirito viene meno per qualche tempo. Ormai le razioni di cibo sono quasi finite, e il dolore al braccio sta aumentando.

Poi, come sempre, Juliane si riprende, e comincia a ragionare. Vede alcuni alligatori in acqua, ma sa che raramente attaccano gli esseri umani. A terra, invece, tra ragni, serpenti e insetti i pericoli sono molti di più. Si cala come può tra i flutti, ed inizia a scendere la corrente, rasente la riva.

Procede così per altri giorni, muovendosi lentamente, fermandosi per riposare e mangiare qualche briciola, fino a che le razioni si esauriscono definitivamente. Stremata, prova a catturare alcune rane selvatiche che incontra sulla riva, ma senza successo: è troppo stanca e senza forze. Nonostante la fame, suo padre le ha insegnato che non deve mangiare bacche né frutti, che potrebbero esserle fatali. Non potendo fare altro, digiuna totalmente, continuando a bere dalle gocce di acqua che si formano sulle foglie la notte.

Il 2 gennaio, girata un'ansa particolarmente stretta, Juliane comincia ad avere le allucinazioni. Davanti a sé vede una barca. È un'allucinazione molto forte, pensa: può distinguere il legno dipinto di rosso, le parti dove ha perso vernice, i dettagli...

Spinta dalla curiosità, e dalla disperazione che accomuna chi si trova di fronte ad una allucinazione di quel tipo, istintivamente va in quella direzione.

Fino a toccare, con la mano, quella barca.

Non è una allucinazione! È davvero reale!

Juliane stenta a crederci. Vorrebbe piangere, ma questa volta non ci riesce. Scorge lì vicino un sentiero, e ormai strisciando lo percorre. Lentamente. Come può. Il sentiero porta ad una capanna... che però è inabitata. E vuota. Nessuna persona in giro, per quanto lei si sforzi di urlare. Nulla.

L'unica cosa che trova è una tanica di benzina, probabilmente per il motore della barca. Anche qui, gli insegnamenti del padre riaffiorano come una ondata di aria fresca: qualche anno prima, aveva curato con del cherosene la ferita di un loro cane, che si era infettata ed era piena di vermi. Come il suo braccio, ora.

Raccogliendo tutto il coraggio che ancora ha in corpo, Juliane aspira dal tubo in plastica della tanica, e si cosparge il braccio di carburante.

Il dolore è indicibile.

Ma è un dolore che ha un senso: il rozzo espediente pare funzionare. Con una calma assolutamente estranea ad una sua coetanea, la giovane estrae lentamente dal proprio braccio una serie di vermi, uno ad uno. Alla fine, quando non ce la fa più dal dolore, ne conta almeno trenta.

Finita questa orribile operazione, riflette sul da farsi. Pensa di dormire nella capanna, ma con un mezzo sorriso si accorge di essersi ormai abituata al morbido terreno della foresta, e il pavimento le risulta troppo duro. Torna quindi vicino alla barca, sempre con difficoltà, e passa lì la notte.

Il giorno dopo, il 3 gennaio 1972, al suo risveglio ritorna alla capanna. E si siede al di fuori di essa. In attesa. Con così poche speranze….

"Mira! Yemanja! Yemanja!"

La voce maschile spaventa e allo stesso tempo sorprende Juliane, scivolata nel mentre in un sonno pieno di incubi. Tre uomini peruviani erano sopraggiunti pochi minuti prima, e ora alla vista di quella creatura bionda, coperta di stracci, fango e sangue, uno di loro istintivamente ricorda le storie di sua nonna, che gli raccontava della dea mezza delfino d'acqua dolce e mezza donna bionda dagli occhi azzurri...

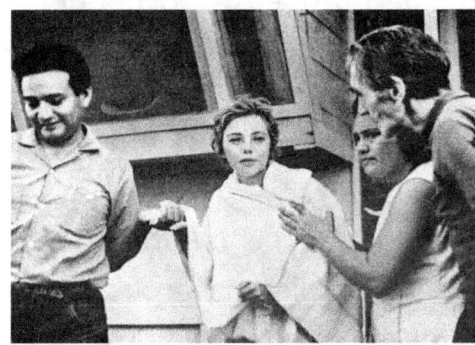

LA PRIMA FOTO DI JULIANE DOPO IL SALVATAGGIO

"Yemanja! Lo juro, es ella!", dice agli altri, spaventato.

Juliane non ha tempo per sorridere a quella assurdità. Con il suo ottimo spagnolo, riesce a farsi capire dai tre boscaioli. Il suo incubo è quasi finito.

Gli uomini la medicano per quanto possono, e le danno da mangiare tutto quello che hanno. Il giorno dopo la portano in barca verso un insediamento a poca distanza.

Vengono allertate le autorità, attraverso le radio. Un pilota di elicotteri, ascoltato il messaggio, viaggia fino a quel posto sperduto, e trasporta poi Juliane verso l'ospedale più vicino.

La giovane sopravvissuta è miracolosamente salva, finalmente.

Nei giorni successivi Juliane venne curata e medicata meticolosamente. I medici trovarono, nella sua ferita al braccio, altri 50 vermi. Ma riuscirono a salvarle l'arto. Oltre alla clavicola fratturata, scoprirono che aveva anche due ossa lussate e strappi muscolari in varie zone della schiena. Ma negli undici giorni in cui vagò per la foresta, probabilmente la ragazza era troppo sotto shock per accorgersene o provare ulteriore dolore.

Il padre riuscì a riabbracciare la figlia solo qualche giorno dopo, felice come mai prima d'allora, e al contempo affranto perché Maria, la madre di Juliane, non era ancora stata ritrovata.

Il corpo della ornitologa fu purtroppo ritrovato senza vita 12 giorni dopo il salvataggio della figlia. Cosa ancora più tragica, si capì che anch'ella era riuscita a sopravvivere allo schianto, così come altri 13 passeggeri. Ma le loro condizioni, tra ferite e shock, non avevano il permesso di provare a mettersi in salvo.

Juliane fu l'unica, grazie alla sua forza di volontà e alla sua prontezza di spirito, ben oltre l'eroismo. La sua storia fece il giro del mondo, al punto che le arrivavano delle lettere da ogni parte del globo. Alcune, indirizzate semplicemente a "Juliane del Peru", la raggiungevano comunque, tanta era la sua fama.

JULIANE CON IL REGISTA WERNER HERZOG, SUL LUOGO DOVE ANCOR OGGI SI TROVANO I RESTI DEL VOLO

Dieci giorni dopo l'incidente, la compagnia LANSA venne definitivamente bandita, quando si scoprì che l'aeroplano usato per il volo 508 era sostanzialmente un'accozzaglia di pezzi di ricambio di altri *velivoli*.

Il regista Werner Herzog, che avrebbe dovuto essere su quel volo e che cancellò la prenotazione probabilmente cedendola involontariamente a Juliane e Maria, rimase così colpito dalla storia della giovane da farne un film, chiamato *"La caduta di Juliane nella giungla"*.

Oggi Juliane Koepcke, tornata in Germania, è diventata una stimatissima zoologa, specializzata in mammiferi, e insegna in varie università tedesche. Soffre ancora a causa degli strascichi psicologici di quell'incidente. Ma rimarrà per sempre la sopravvissuta del miracolo di Natale.

LA DOTTORESSA JULIANE KOEPCKE IN UNA FOTO RECENTE, IL GIORNO DELLA CONSEGNA DELLA MEDAGLIA PERUVIANA AL "ORDEN AL MÉRITO POR SERVICIOS DISTINGUIDOS", CON IL GRADO DI "GRAN OFICIAL", PER IL SUO CONTRIBUTO ALLO STUDIO DELL'AMAZZONIA PERUVIANA

MAMBA OUT

Volo 72-EX

JOHN "ALTO" ALTOBELLI

Quando si pensa alle mattine della California, non è difficile cadere nel tranello: cieli azzurri, temperature miti tutto l'anno, e l'aria secca che smuove le fronde delle palme in città.

Ma spesso ci si dimentica dell'oceano, che governa, con i suoi cicli e le sue bizze che ancora non comprendiamo a fondo, nuvole e correnti d'aria.

John ci è abituato, a queste bizzarrie del tempo. Nei suoi 56 anni di vita ha visto gli inverni freddi della natia Chicago, le coste umide di Miami e il deserto del Texas. E poi si era accasato proprio in California, nel lontano 1988.

John Edward Altobelli è una di quelle celebrità sconosciute ai più, ma allo stesso tempo una sorta di mito sportivo nel suo campo. Dopo una discreta carriera da giocatore, dal 1993 allena la squadra di baseball di Orange Coast, portandola alla vittoria del campionato nazionale ben quattro volte, compresa l'ultima annata appena conclusa, nella quale ha raggiunto la sua 700sima vittoria da allenatore, venendo nominato "Coach of the Year".

Mentre guida verso il John Wayne Airport di Orange County, si sporge per guardare le nuvole. Speriamo si possa partire, pensa. Altrimenti non arriveremo mai in tempo per il torneo...

Al suo fianco, la moglie Keri e la loro figlia 14enne, Alyssa, non sembrano condividere la sua preoccupazione. Le solite chiacchiere mattutine, le solite battute sulla camera non messa in ordine, le solite domande sulla scuola. Per John, dentro e in fondo in fondo, nascosta agli altri, quella sensazione di un piccolo groppo, che aveva sempre quando andava a portare Alyssa a giocare con le amiche Payton e Gianna.

GIANNA E KOBE BRYANT

Perché il papà di Gianna non è un papà qualsiasi.

Quando hai a che fare con una leggenda, la normalità sparisce. Per quanto sorprendentemente affabile fosse il papà dell'amica di sua figlia, quando raggiungi quello status – sportivo, economico e sociale – emani un'aura che è quasi fisica. Non si può spiegare, non si può esprimere. E allora quella sensazione la sotterri lì in fondo e impari da tua figlia: a lei non importa nulla se il papà di Gianna sia il leggendario Kobe Bryant. E quindi fai finta che lui sia solo uno dei padri delle compagne di squadra. Un sorriso, un "ciao Kobe", e fingi sia tutto normale, anche se sai che non ti ci abituerai mai.

Al John Wayne Airport c'è un po' meno concitazione del solito. Il cielo, con quelle nuvole basse, ha scoraggiato la maggior parte dei piloti civili.

All'arrivo di John, c'è un po' di nervosismo anche attorno al Sikorsky S-76B, l'elicottero con il quale avrebbero volato verso il Camarillo Airport. Da lì, venti minuti di macchina per il Mamba Center, con un risparmio di circa due ore se avessero optato per la sola automobile.

Ara Zobayan, il pilota, conosce bene la rotta. Non solo: aveva fatto lo stesso tragitto proprio il giorno prima, sempre con loro. E altre dieci volte prima. Ma la sua fronte aggrottata mentre finisce i controlli tradisce il suo cauto nervosismo: le regole del VFR[21] impongono una visibilità di 3 km e un "tetto" minimo delle nuvole a 240 metri. Ora sono 8 km di visibilità e 400 metri di tetto, ma le previsioni... e del resto anche la polizia ha tenuto a terra tutti i suoi elicotteri... ma...

Ma quando fai quel lavoro, quando porti in giro gente che si può permettere di prenotare un elicottero al posto di un taxi, è difficile discutere sui dettagli. L'importante è arrivare e farlo in tempo. Non è il lavoro di Ara, discutere con gente abituata a sentirsi dire di sì. Per dire di no, devi essere davvero sicuro. E gli era capitato altre volte...

---

[21] VFR: Visual Flight Rules. Insieme delle norme e delle procedure cui un pilota deve attenersi per condurre in sicurezza un volo utilizzando principalmente la propria vista, cioè senza radioassistenze per la navigazione.

"Hello, mr. Pilot Man", gli dice Kobe, quando arriva. Lo chiama così da un bel po', con quel suo modo di fare che prova a mettere tutti a proprio agio, superando la barriera che separa gli esseri umani dalle leggende. Il soprannome era nato qualche tempo fa: Ara aveva accompagnato la famiglia Bryant (ed un delizioso arrosto di tacchino) in un volo il giorno del Thanksgiving. Ma una volta arrivati, Kobe era tornato all'elicottero, dopo un paio di minuti, cercando i contorni... li avevano dimenticati in macchina, all'aeroporto di partenza!

Senza batter ciglio, Ara era ripartito con lui e avevano rifatto, chiacchierando e ridendo di quella assurda situazione, tutto il tragitto. Per i contorni.

Mr. Pilot Man era nato lì.

Dai, su, diciamocelo: 8 km di visibilità, nuvole a 400 metri. Si parte e basta.

Alle 9.06 del 26 Gennaio 2020, l'elicottero si stacca da terra, codice volo 72-EX, puntando la prua verso nord ovest, salendo rapidamente ad una altitudine di 240 metri sul livello del mare.

A bordo si trovano John, Keri e Alyssa, Kobe con la sua Gianna, Payton con sua mamma, e l'allenatrice Christina Mauser. Dal cellulare dell'autista di Bryant, a terra, parte un messaggio al gruppo che organizza i suoi spostamenti: "Wheels up".

Nei viaggi precedenti verso Camarillo, la rotta presa da Zobayan era stata sempre la stessa: Nord Ovest, e poi virata a ovest verso Downtown Los Angeles, sopra le montagne di Santa Monica e poi incrociare e seguire la Ventura Freeway.

Ma oggi Santa Monica è coperta da nebbia, quindi l'elicottero continua a nord ovest, passando sopra allo stadio dei Dodgers, e inizia a seguire la Golden State Freeway. Le regole del VFR impongono il volo a vista e non strumentale, quindi devono stare ben lontani dalle nuvole.

Arrivato sulla zona di Burbank, l'Air traffic control contatta il volo 72EX. Brutte notizie: quella è una zona di passaggio per gli aerei che atterrano al Van Nuys Airport con l'Instrumental Flight Rules[22], e

---

[22] Instrumental Flight Rules (IFR): regole di volo comprendenti una serie di procedure e regolamenti ideati per consentire il volo anche in condizioni nelle quali i piloti non siano in grado di vedere ostacoli, terreno o altri aeromobili. La navigazione e il controllo del velivolo sono ottenuti per mezzo della strumentazione di bordo.

l'elicottero deve attendere in un Holding Pattern tra Burbank e Glendale per un po'.

"Abbiamo anche un Citation[23] in finale[24] a 9 miglia e un velivolo che ha fatto un go around[25] rifiutando l'atterraggio... ci vorrà un po'". Sono già le 9.30...

Nel frattempo, le condizioni meteo sono peggiorate leggermente. La torre di Burbank avverte Ara che dovrà attraversare lo spazio a nord dell'aeroporto in Special VFR, una condizione speciale di regole che si applica solo in spazi aerei controllati. Sarebbe obbligatorio che venga chiesta dal pilota, e non dall'ATC, ma la cosa pare non disturbare nessuno dei due. Zobayan acconsente alla richiesta.

L'elicottero sale quindi a 430 metri, e inizia a seguire la Ronald Reagan Freeway verso ovest.

---

[23] Citation: nome di marketing usato dall'azienda Cessna per la sua linea di Business jet.
[24] Finale: assieme al "sottovento" e alla "base", è uno dei segmenti del circuito di traffico aeroportuale. Il finale è il tratto conclusivo nel quale si effettua la discesa fino all'atterraggio.
[25] Go Around: interruzione della manovra di atterraggio da parte di un aeroplano che riprende quota poco prima di toccare terra.

Alle 9.39, Ara contatta l'ATC di Van Nuys, che gli approva una virata verso sud ovest, lungo la Ventura Freeway, e gli dice di contattare SoCal, ovvero la South California Tower Control.

Il pilota ora si guarda attorno con un po' di apprensione. Il terreno davanti a lui, seguendo la strada, è quello collinare della San Fernando Valley. Contattando SoCal, richiede il cosidetto "flight following", un sistema di tracciamento che informa verbalmente e con continuità riguardo al traffico aereo ai velivoli che si trovino in VFR. Ma SoCal lo avverte che vola troppo basso, per avere quel servizio.

Subito dopo, l'ufficiale dell'Air traffic Control viene sostituito, per il cambio turno. Il nuovo addetto chiede a Zobayan di identificarsi[26] e di dichiarare le proprie intenzioni.

---

[26] Identificarsi (Ident): procedura effettuata attraverso la pressione di uno specifico pulsante da parte del pilota: il trasponder del velivolo invia un impulso, e il controllore può quindi verificare nel sistema radar che l'aeroplano con cui sta parlando sia esattamente quello che vede sullo schermo.

Il pilota attiva il pulsante del trasponder[27] e risponde di voler salire a 1200 metri per evitare uno strato di nubi.

Nei successivi 36 secondi, l'elicottero sale di 300 metri. Poi inizia una virata a sinistra, verso sud, salendo ulteriormente fino a raggiungere i 700 metri sul livello del mare.

Sono le 9.45 e 10 secondi.

John si guarda attorno, un po' preoccupato per tutte quelle nubi che li circondano. Le ragazze chiacchierano a gesti, ridacchiando di chissà cosa.

I giri motore salgono rapidamente, mentre il velivolo continua a virare a sinistra. Otto secondi dopo, inizia una veloce discesa, a 300 km/h e una picchiata di più di 20 metri al secondo.

Istintivamente i passeggeri, per quanto abituati, si stringono ai braccioli. Attorno a loro un muro lattiginoso di nebbia.

A terra, due gruppi di ciclisti sono a breve distanza tra loro, nella New Millenium Loop Trail. Sentono

---

[27] Trasponder: trasmitter-trasponder, strumento elettronico che manda e riceve segnali radio.

il rumore inconfondibile di un rotore, e istintivamente alzano lo sguardo: vedono un elicottero bianco con righe azzurre andare a forte velocità, ad una altezza talmente bassa...

Alle 9.45 e 39 secondi, l'elicottero si schianta ai lati di una collina di Calabasas, vicino all'intersezione di Las Virgenes Road e Willow Glen Street. L'urto è violentissimo, e il Sikorsky S-76B prende fuoco immediatamente.

Un minuto dopo al 911 arriva la chiamata da parte di uno dei ciclisti, e si muovono anche i pompieri per spegnere l'incendio che si sta espandendo rapidamente. Riusciranno ad estinguerlo solo alle 10.30.

I soccorritori giunti sul posto non trovano sopravvissuti tra i 9 passeggeri.

Più tardi, lo sceriffo Alex Villanueva è costretto ad emanare una nota nella quale proibisce di avvicinarsi alla zona, visto l'enorme afflusso di persone incredule che sono accorse. E su richiesta di Vanessa, la moglie di Kobe, la Federal Aviation Administration impone una no fly zone attorno all'area, fino a 5000 piedi di altitudine, per evitare lo sciacallaggio dei media con droni ed elicotteri.

L'incidente di Calabasas è stato raccontato in tutto il mondo, creando incredulità ed angoscia per la scomparsa di uno degli sportivi più conosciuti e amati di tutti i tempi. A creare, se possibile, ancora più dolore, la presenza della giovane Gianna e delle sue amiche.

In modo del tutto spontaneo, una grande folla raggiunse nei giorni successivi lo Staples Center, casa dei Los Angeles Lakers dove Bryant aveva giocato per tutta la sua carriera, ritirandosi solo pochi mesi prima tra gli applausi commossi di tifosi e avversari. I fan, ma anche chi il basket non lo segue, cominciarono a portare oggetti e ricordi. Lo staff dello Staples Center iniziò a sgomberare l'esterno dopo una settimana, promettendo di catalogare e portare ogni singolo oggetto alle famiglie delle vittime.

FAN E APPASSIONATI ALL'ESTERNO DELLO STAPLES CENTER DI LOS ANGELES, DURANTE LA CERIMONIA DI COMMEMORAZIONE

Trovarono circa 1350 palle da basket, 25mila candele, 5000 cartelli e lettere, 500 animali di pezza, 350 paia di scarpe, e tanto altro.

La famiglia Bryant ha deciso di far causa all'azienda proprietaria dell'elicottero e agli eredi di Ara Zobayan.

L'investigazione ha escluso la presenza di alcol e droghe nel sangue del capitano, così come malfunzionamenti del motore.

Più di qualche esperto, però, ha azzardato una spiegazione: il pilota potrebbe aver sofferto di una incongrua percezione dello spazio attorno a sé, causata dalla visibilità insufficiente e dai movimenti dell'elicottero.

Il cosiddetto *"spatial disorientation"* avviene quando, a causa della mancanza di punti di riferimento visivi, il cervello umano interpreta erroneamente alcuni stimoli fisici. Il pilota potrebbe aver creduto di salire di altitudine a causa dell'accelerazione, quando in realtà si stava lanciando in una discesa che non aveva alcun senso.

Nonostante ci siano stati altri incidenti simili nella storia, ancor oggi non è obbligatorio per gli elicotteri essere equipaggiati con un Cabin Voice Recorder, né soprattutto con un TAWS, Terrain Awarness and Warning System, un sistema che automaticamente rileva posizione, direzione e altitudine dell'aeromobile rispetto al terreno via GPS, e avverte quando si vola in direzione di un ostacolo.

Senza l'obbligatorietà di questi sistemi, molti esperti temono ci potranno essere altri incidenti come quelli che hanno tolto la vita agli 8 passeggeri e al pilota del volo 72-EX.

SCACCO MATTO ALL'FBI

Volo Northwest Orient Airlines 305

Florence Schaffner è indubbiamente una bella ragazza. Cosa che per il suo lavoro di assistente di volo non è certo un tratto negativo, intendiamoci. È un mestiere che le piace, ma che a volte può essere anche noioso…per esempio questo pomeriggio: è il giorno prima del *Thanksgiving*, e la ventitreenne Florence ha in testa tutta la miriade di cose che deve fare prima di domani. Ma deve lavorare, e deve farlo bene. E quindi sorride con cortesia ai pochi passeggeri di questo volo da Portland, nell'Oregon, fino a Seattle.

L'aereo sul quale è imbarcata è un Boeing 727-100, che oggi, mercoledì 24 novembre 1971, è contrassegnato come volo Northwest Orient Airlines 305. "Una trentina di minuti di viaggio e poi serata libera", pensa Florence.

I passeggeri, solo 36 in totale – circa un terzo della capienza dell'aereo –, si siedono velocemente ai loro posti. Nella zona di coda, al posto 18C, si alza già una mano. È la mia zona, pensa Florence. La solita fortuna...

L'occupante di quel sedile ha una quarantina d'anni. I capelli hanno un'attaccatura alta, e gli occhi scuri una espressione cordiale. Nonostante non siano ancora le 3 del pomeriggio, ordina con un sorriso un burbon e una 7-up. L'assistente di volo sorride, e gli promette di servirlo non appena il volo fosse decollato.

Alle 2.50, il volo 305 della Northwest Orient parte senza ritardo dall'aeroporto di Portland.

Qualche minuto dopo, Florence si alza dal suo strapuntino, e incrocia lo sguardo del passeggero 18C. Il sorriso di lei nasconde il pensiero reale: "Ok, ho capito! Ora arrivo!". L'assistente di volo giunge mentre lui si sta accendendo, con la sinistra, una Raleigh – una sottomarca di sigarette piuttosto popolare.

L'uomo sorride per l'ennesima volta, prende le sue bevande, ed estrae un foglio dalla tasca. Lo consegna a Florence.

"Un altro... che noia..." pensa lei. Come detto, è indubbiamente una bella ragazza; e non è di certo una brutta cosa. Ma quante di queste scene... Facendo sparire il sorriso, affinché fosse chiaro il suo pensiero, la ventitreenne mette in tasca il biglietto fissando l'uomo, e torna a sedersi.

"Scusi signorina...".

"Eh no, questo è troppo! Insistere no!" Florence alza lo sguardo, spazientita.

Con voce cordiale, l'uomo al 18C riprende a parlare: "Le conviene guardare quel biglietto. Ho una bomba.".

DAN COOPER, SECONDO LA RICOSTRUZIONE DELL'FBI

Qualche minuto prima dell'imbarco, all'aeroporto di Portland, un uomo era giunto vestito in maniera del tutto anonima: vestito scuro, camicia bianca con cravatta scura ed un fermacravatta in finta madreperla; pastrano nero, occhiali da sole (anche se pioveva!) e una valigetta. Per 20 dollari aveva acquistato un biglietto per il volo verso Seattle, scrivendo in lettere maiuscole e con inchiostro rosso il suo nome: Dan Cooper.

Florence è ora pallida. Si siede vicino a Cooper, e gli chiede di vedere il contenuto della valigetta. Dan apre, e l'assistente può vedere 6 oggetti cilindrici rossi, con dei fili collegati a una batteria. La valigetta si richiude.

"Ora scrivi quello che ti sto per dire, poi tu vai in cabina e porti il messaggio al capitano: voglio 200.000 dollari in valuta negoziabile americana entro le 17. Voglio due paracadute da schiena e due paracadute frontali. Quando atterriamo, voglio un camion di rifornimento pronto. Nessun giochetto, o porto avanti il lavoro. Ora sii gentile e ridammi il foglio che ti ho lasciato prima".

Florence sta tremando. Si dirige verso Alice Hancock, la sua superiore in cabina, e le spiega tutto. Le consegna il foglio, e Alice scompare dietro la porta del cockpit. Florence torna da Cooper, che ora ha indosso i suoi occhiali neri.

Qualche minuto dopo, la voce del capitano, William Scott – veterano della Seconda Guerra Mondiale – risuona dagli altoparlanti. "Gentili passeggeri, a causa di un problema tecnico *non grave* siamo costretti a tardare l'atterraggio a Seattle, mantenendoci in volo per un po'". Dan Cooper sorride.

Nel frattempo, il messaggio recapitato a terra ha scatenato una ridda di azioni e reazioni. L'Air Traffic Control allerta le autorità locali e federali, e da lì un veloce tam tam di informazioni, chiamate e ordini che si espandono come i cerchi in un lago dopo che un grosso masso è stato lanciato al suo centro.

Chiamato al telefono, il presidente della Northwest Orient Donald Nyrop è livido di rabbia. Ma non può far altro che autorizzare il pagamento, e ordina a tutti gli impiegati di collaborare con Cooper. I soldi vengono prelevati dalla banca federale, che da qualche mese ha, per legge, un deposito di banconote non segnate, ma che sono facilmente riconoscibili: i numeri seriali iniziano per "L", e sono della serie 1963 o 1969. Tutte le 10.000 banconote da 20$ prese per il riscatto sono state precedentemente fotografate, e i microfilm poi consegnati all'FBI...

Il volo 305 rimane sospeso in aria per quasi due ore, girando in circolo sopra Puget Sound.

"Ehi, quella è Tulsa... e a circa 20 minuti di macchina ci deve essere la base militare McChord...". La frase pronunciata da Cooper prende Tina Mucklow – la terza attendente di volo – di sorpresa... "Come scusi?".

"Niente, niente... per favore, mi porta un altro bourbon? Grazie... ecco, prenda". Dan porge dei soldi. "Devo pagare anche quello di prima, che mi sono dimenticato. Tenga pure il resto".

Alle 5.24, giunge notizia dalla cabina: tutte le richieste sono state accolte. Dan dà il permesso, e alle 5.39 il Boeing 727 atterra a Seattle. Cooper ordina che tutte le finestre siano oscurate, e indica di far rullare l'aereo in una zona isolata e ben illuminata.

A terra arriva una macchina. Al suo interno si trova Al Lee, manager operativo della compagnia.

Cooper fa aprire il portellone posteriore, che nel 727 ha una particolarità unica per un aereo di linea: si apre con un comando posto in fondo alla cabina, e scende a poppa dell'aereo, verso dietro.

Tina viene mandata a prelevare la valigetta e i 4 paracadute, mentre tutti gli altri rimangono sequestrati all'interno dell'aereo. Al ritorno della hostess, Dan controlla che sia tutto a posto; poi ordina che tutti i passeggeri scendano, assieme a Florence e Alice.

A bordo rimangono solo i tre occupanti la cabina di pilotaggio, Tina e il dirottatore.

Le procedure di rifornimento vanno un po' per le lunghe, cosa che infastidisce Dan, e non poco. Decide quindi di usare questo tempo per parlare con l'equipaggio.

"Allora, questo è quello che dovete fare: direzione sud est verso Città del Messico. Velocità minima consentita senza stallare, cioè 185 km/h. Altitudine massima 300 metri, non di più. Carrello sempre esteso, cabina NON pressurizzata, e flap a 15 gradi".

A quest'ultima richiesta, il capitano aggrotta le sopracciglia. Come fa a sapere che il 727 ha questa possibile impostazione dei flap?

"C'è un problema". La voce è quella di William Rataczak, il primo ufficiale. "Con questa configurazione non arriveremo mai a Città del Messico, consumiamo troppo carburante".

I quattro discutono un po', per poi trovare la soluzione che accontenta Dan: Scalo a Reno, in Nevada, per poi ripartire.

"Ah, un'altra cosa" dice il dirottatore. "Scala a poppa sempre aperta, anche durante decollo e atterraggio".

"Ma... non si può durante il decollo... no no, impossibile".

"Bene, allora cara" Dan si rivolge a Tina. "Mi fai vedere come si apre?".

Alle 19.40 circa, il Boeing 727 decolla nuovamente, questa volta con solo 5 persone a bordo. Carrello esteso, flap a 15 gradi, velocità bassa.

Dietro di loro, due caccia F-106 partono dalla base di McChord, e si piazzano uno sopra e l'altro sotto, entrambi a poppa dell'aereo dirottato.

Pochi minuti dopo il decollo, Cooper, sorridendo cortesemente, ordina a Tina di raggiungere gli altri in cabina, e di chiudersi dentro. "Non uscire per nessun motivo, fino a Reno".

Mentre chiude la porta dietro di sé, l'assistente di volo sbircia un'ultima volta, e vede il dirottatore che si allaccia qualcosa attorno al ventre... L'aereo continua, in una serata di forte pioggia e vento, lungo la aerovia[28] Victor 23...

Alle ore 20 circa, una luce si accende sul cockpit: il portellone posteriore è aperto. Il capitano chiama con l'interfono ma... Cooper alza e riattacca bruscamente.

Alle 20.13, la parte posteriore dell'aereo subisce un movimento verso l'alto improvviso, tanto da indurre il copilota ad usare il trim[29] per riportare l'aereo in assetto di volo corretto.

---

[28] Aerovia, in lingua inglese airway abbreviato in AWY: è un corridoio aereo posizionato all'interno di un'area di controllo. Identificato da rilevamenti forniti da apposite radioassistenze che permettono agli aeromobili di volare secondo le regole del volo strumentale (IFR, Instrumental Flight Rules) lungo percorsi predefiniti e controllati.
[29] Trim (detto anche "compensatori"): alette mobili montate sull'equilibratore e talvolta sul timone degli aeroplani, che servono a mantenere l'aereo nella direzione e assetto desiderati senza che il pilota debba fare sforzo sulla cloche.

Alle 22.15, il volo atterra con la scala ancora aperta all'aeroporto di Reno.

Poliziotti, FBI e agenti della contea circondano l'aeromobile. Un rapido controllo armato dell'interno conferma quanto presumevano i piloti: Dan Cooper non è più a bordo. Al suo posto, vengono trovati due paracadute (uno frontale – aperto - e uno posteriore), la cravatta a clip, il fermacravatte, 8 mozziconi di sigaretta.

L'EQUIPAGGIO ALL'AEROPORTO DI RENO, NEVADA. DA SINISTRA: SCOTT, RATACZAK, MUCKLOW E ANDERSON

Fin da quella sera, l'FBI lanciò una indagine su larga scala senza precedenti. Una caccia all'uomo che ha coinvolto centinaia di persone e mezzi, ma anche di sospettati. Uno di questi, subito scagionato, era un tal D. B. Cooper. Ma nella fretta, un giornalista sbagliò a trascrivere le informazioni, e da quel giorno la maggior parte dei media cominciarono a chiamare D.B. Cooper il misterioso dirottatore, invece di Dan – che ovviamente era un nome falso tanto quanto il cognome...

I federali concentrarono immediatamente le loro ricerche sulla zona del Monte Saint Helen, sorvolata dal 727 tra le 20 e le 20.30, provando a stimare la direzione e la forza del vento a quell'ora. Cooper aveva infatti scelto, tra i due paracadute posteriori, il modello meno tecnologico, che non aveva modo di virare.

Ma tutte le ricerche furono vane, nonostante si fossero protratte per mesi e mesi. Nessun segno, nessun indizio: sparito nel nulla. E nessuno che somigliasse alla descrizione di quell'uomo era stato dichiarato scomparso, in quei giorni, in nessun posto negli USA...

Negli anni, vennero rese pubbliche le serie delle banconote e offerta una ricompensa del 15% a chi li trovasse. Ma ancora una volta... nulla...

Gli investigatori piano piano si convinsero che nessuno sarebbe potuto sopravvivere a quel salto, vestito in quel modo, in quelle condizioni. E questo fu il pensiero dell'FBI per qualche tempo.

Fino al 1980, nove anni dopo.

Brian Ingram, un ragazzino di 8 anni, il 10 febbraio 1980 stava scavando la sabbia della spiaggia conosciuta come Tina Bar, sul fiume Columbia, per aiutare il papà a fare un falò. Ad un certo punto il suo rastrello portò in superficie tre pile separate di soldi, unite con un elastico. Erano tutte banconote da 20 dollari.

I genitori di Brian portarono i soldi all'FBI, che confermò che erano della serie del riscatto, di quell'ormai lontano 1971. Ma...

Ma il luogo del ritrovamento era a *sud* rispetto al luogo di ricerca. E il fiume scorre in direzione *opposta*, quindi non può essere stato portato lì dalla corrente.

Ma soprattutto, da uno dei pacchetti mancavano ben 10 banconote. Contando che erano ancora avvolti da elastici (che non erano stati toccati dalla famiglia, che li avrebbe sicuramente rotti se ci avesse provato), l'unica spiegazione è che qualcuno li abbia presi dopo che...

Una serie di indagini è stata portata avanti ancora, dopo questa scoperta. Venne modificata l'area di ricerca, trovando perfino un pezzo di una placca, che si staccò dalla scala posteriore a causa del vento.

Ma di Cooper ancora nessuna traccia.

Furono molti ad essere associati a questa storia, alcuni dei quali "indicati" da parenti e conoscenti. Ma nessuno ha convinto l'FBI, che nel frattempo creò nel 2001 un profilo di DNA e delle impronte.

Tantissimi civili si interessarono al mistero, creando gruppi autonomi di ricerca e revisione dei dati. Molti vanno avanti ancor oggi, dopo che nel 2016 l'FBI ha ufficialmente chiuso il caso.

Nel 1972 ci furono anche ben 15 *copycat*, ovvero criminali che copiarono più o meno la stessa identica tattica: scelsero un Boeing 727 per sfruttare il portello posteriore, chiesero vari paracadute così da indurre l'FBI a pensare che volessero gettarsi assieme a uno o più ostaggi – e non li manomettessero –, eccetera. Tutti peraltro sopravvissero, ma furono trovati e arrestati in breve tempo.

Ma nessuno ha mai più visto o sentito l'uomo che per una notte fu Dan Cooper, mentre si lanciava nel vuoto creando uno dei più incredibili misteri della storia dell'aviazione.

INCOMPRENSIONE FATALE

Voli Pan Am 1736 & KLM 4805

Stefano Orlandini è un uomo abituato alla pressione. Sono passati già sette anni dalla sua nomina a Presidente e CEO della KLM, la compagnia di bandiera olandese.

Eppure, la sua fronte, la sua espressione e i suoi occhi esprimono l'angoscia che sta provando in questo momento. Il suo telefono ha squillato poco prima, nel silenzio del suo grande ufficio, portando la notizia più tragica che una persona nel suo ruolo possa ricevere: un grave incidente con uno dei suoi aerei. Una dinamica strana, le notizie confuse.

Orlandini, dopo qualche istante, alza quello stesso telefono e preme il pulsante che apre la linea con la sua segretaria. Ordina perentorio di essere messo in contatto al più presto con Jacob Van Zanten. Se c'è qualcuno da mandare sul luogo, per capire esattamente cosa sia successo, è proprio quel capitano dall'enorme esperienza.

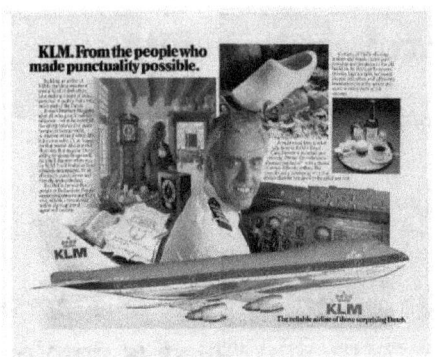

LA RIVISTA KLM DELL'EPOCA, CON VAN ZANTEN IN CENTRO

Pilota istruttore da dieci anni, con alle spalle migliaia di ore su vari velivoli e con tanti colleghi che lo chiamano "maestro", Van Zanten non è solo un punto di riferimento operativo per KLM. Van Zanten è la KLM. Suo il volto sulle riviste, sua la voce nelle interviste radiofoniche. Ma soprattutto, è l'uomo di cui fidarsi. Orlandini attende in silenzio.

Il telefono squilla. Dall'altra parte la voce della segretaria tradisce insicurezza. "Signor Orlandini…. Il pilota dell'aereo caduto era… era Van Zanten…"

27 marzo 1977. Ore 13.15.

All'aeroporto di Gran Canaria, conosciuto anche come Las Palmas, è un andirivieni di ambulanze, polizia e civili confusi. Pochi minuti fa è scoppiata una bomba che ha ucciso 8 persone, e una telefonata da parte del Movimento Indipendentista delle Canarie ha non solo rivendicato l'attacco, ma anche annunciato la presenza di una seconda bomba.

L'aeroporto viene chiuso in fretta e furia, e l'Air Traffic Control tenta di capire cosa fare con gli aerei in arrivo. Inizia un caotico tentativo di trovare soluzioni, con richieste di vario tipo fatte dai singoli comandanti, che nel frattempo subiscono pressioni dalle rispettive compagnie.

In particolare, ci sono due giganti del cielo che stanno circolando sopra all'isola: due Boeing 747. Il volo PanAm 1736 e il KLM 4805.

Entrambi i capitani, Grubbs per il PanAmerican e Van Zanten per il volo olandese, chiedono di poter attendere in un *holding pattern*, senza fare ulteriori scali. Effettivamente hanno ancora più di due ore di autonomia, e atterrare per poi decollare è una scocciatura burocratica...

Ma l'ATC di Las Palmas infine impartisce l'ordine: atterrare a Tenerife, nello scalo regionale di Los Rodeos.

Che assurdità! Una pista e una struttura così piccola, per tutti quegli aerei... per di più con quei colossi... Ma alla fine gli ordini vengono eseguiti, e una decina di velivoli atterrano senza particolari problemi, uno dietro l'altro, allo scalo secondario.

Ore 16.32.

La zona del piazzale di parcheggio dell'aeroporto Los Rodeos è un caos di aerei piazzati alla bell'e meglio. La torre di controllo, non abituata a tutto quel traffico – e con qualche difficoltà linguistica, non essendo loro consuetudine lavorare in inglese – ha provato a fare quanto poteva, ma lo scalo è davvero minimale: una pista, una corsia taxi[30] parallela, dove far spostare gli aerei, e un piccolo piazzale per carico e scarico dei passeggeri. Tra pista e corsia di rullaggio ci sono quattro intersezioni, per le manovre.

---

[30] Corsia Taxi (o corsia di rullaggio, in inglese Taxiway abbreviata in TWY): superficie delimitata all'interno di un aeroporto che identifica il percorso che gli aeromobili debbono percorrere per spostarsi da un punto ad un altro. Una via di rullaggio collega ad esempio le piste con l'area di stazionamento, due diverse parti dell'area di parcheggio, le piazzole di sosta e altre strutture.

Ma ora è tutto bloccato, con in fondo al gruppo, a guidare la fila, il volo KLM che era atterrato per primo.

Dorothy Kelly sta guardando fuori dal finestrino, e scuote la testa.

Tenere buoni i passeggeri, chiusi da ore nell'antro di quell'enorme aeroplano, era diventato compito arduo ormai da un po'. Prima la comunicazione che non sarebbero potuti scendere, perché l'aeroporto era troppo piccolo per tutte quelle centinaia di persone; poi i vari annunci di partenza, sempre disattesi.

DOROTHY KELLY

Del resto, il capitano Grubbs lo aveva spiegato, almeno in parte, all'interfono: stiamo aspettando che il 747 della KLM liberi la via. Messi così, per soli 5 metri non ci si passa. E il perché fossero ancora fermi glielo aveva spiegato in privato Robert Bragg, il primo ufficiale: quegli stronzi della KLM avevano fatto sbarcare tutti perché erano arrivati per primi, e ora hanno problemi a causa di un passeggero che non si trova. Questo genio di turista, pare una ragazza, è andato via perché Tenerife era comunque la sua meta finale, dove abita il compagno. Certo che la gente è strana...

Dorothy sorride per l'ennesima volta, paziente, ai passeggeri di prima classe. Non sarebbe stato il suo turno, lì sopra al secondo piano, ma Francoise è sempre così preoccupata per il suo accento francese, quando fa gli annunci... e dire che piace così tanto a tutti...

All'interno del KLM, parcheggiato tutto storto a fine pista, l'atmosfera è tesa. Il quarantaduenne Klaas Meurs, nonostante le sue 9200 ore di volo, è nervoso come raramente gli capita.

Volare con una celebrità è un privilegio, ma sapere di avere a che fare addirittura con il *dannato volto della compagnia*, era come se gli avessero chiesto di recitare come partner di Burt Lancaster. Ma con molte più responsabilità...

"Capitano... come vede la situazione?".

Nessuna risposta da Van Zanten, adagiato sul sedile mentre continua a leggere la sua rivista. Almeno Lancaster un grugnito lo avrebbe emesso...

"Signori, pare che ci siamo!". La voce della hostess risveglia la cabina di pilotaggio silente. "Effettivamente il passeggero mancante non tornerà sull'aereo, abbiamo l'ok per procedere da parte della compagnia".

Questa volta il grugnito si sente distinto. "Bene, grazie cara". Un dito sul pulsante di comunicazione: "Torre, iniziamo procedura di accensione dei motori".

"Ora, cara, fai cortesemente questo annuncio: siccome non possiamo usare la *taxiway*, che è piena, questi pagliacci ci chiederanno di percorrere tutta la pista al contrario, girarci e partire. Durante tutto il percorso voglio passeggeri seduti e allacciati. Vedi tu come dirglielo, che sei più dolce di me", conclude con quel suo sorriso da copertina. La hostess annuisce e sparisce dietro alla tendina.

L'informazione di sblocco della situazione giunge anche al volo PanAm, che a sua volta accende i motori.

Ore 16.54.

"Qui Los Rodeos tower. Volo KILO LIMA MIKE 4805 aaaaa… procedere …. Aaaaa… procedere sulla pista poi terza uscita a sinistra… aaaa……. Si terza uscita".

Van Zanten appare sorpreso. "Roger… volete uscita a Charlie 3?" dice, cercando di semplificare per venire incontro alla chiara difficoltà con l'inglese dell'addetto nella torre.

"Aaaaa… KLM 80… aaaa… correzione 4805, taxi dritti sulla pista e … aaa…. Tornare indietro".

Van Zanten sorride sprezzante. "Che vi avevo detto? Pagliacci. Hanno gli altri aerei nelle prime due intersezioni, e come diavolo pensano che possiamo girare questo bestione su Charlie 3? Sarebbero manovre impossibili!". Nessuno, in cabina, commenta.

Sulla frequenza della torre, udibile a tutti gli aerei collegati, risuona il richiamo dell'altro 747, subito dietro. "Tenerife, PanAm 1736".

"Avanti".

"Ah... ci hanno dato istruzioni di contattarvi e di procedere lungo la pista, dietro al KLM, corretto?".

"Corretto... aaaaaa... taxi sulla pista e uscire alla terza sulla sinistra".

Proprio in quel momento, una grossa nuvola si accinge ad arrivare a Tenerife. È una di quelle nuvole basse e veloci tipiche di quel tratto di oceano. Ma Los Rodeos è a 600 metri sul livello del mare, e da nuvola si trasforma in nebbia pesante e salmastra che improvvisamente avvolge l'aeroporto. La visibilità cala a 500 metri.

Il 747 della PanAm procede lentamente, mentre in cabina cercano di scorgere questa benedetta terza uscita. I segnali sul terreno non sono quelli soliti, essendo un piccolo aeroporto regionale, e la nebbia non aiuta. "Torre, 1736. La terza uscita, conferma?".

"Terza signore. Uno, due, tre. Terza. La terza". Nella cabina un sorriso. "Un dos tres, señor". Il cockpit recorder registra una sonora risata. "Ok... questa è la prima...".

Nel frattempo, il volo KLM ha raggiunto la fine della pista e si appresta a girare su se stesso. La visibilità, ora, a quel punto del tracciato, è di circa cento metri, quando finisce di allinearsi.

I DUE AEREI COINVOLTI, IN ATTESA A LOS RODEOS, POCHI MINUTI PRIMA DELL'INCIDENTE

"7136, aaaaa riportare l'uscita dalla pista", dice la torre, sbagliando il numero dell'aereo statunitense. Ma fa peggio subito dopo, sbagliandoli entrambi: "8705 e 1736, per vostra informazione... aaaa... le luci centrali sono ... aaaa... fuori servizio".

Nel cockpit del volo olandese, la mano di Van Zanten si sposta sulla colonna dei motori. Meurs non riesce a tacere, e gli fa notare che non hanno ancora l'autorizzazione. Il capitano lo guarda spostando appena il capo. "Certo. Chiedi."

Ore 17.05 e 44 secondi.

"KLM 4805 è pronto per il decollo e in attesa dell'autorizzazione".

Ore 17.05 e 53 secondi.

"Si... aaaa... KLM8705... avete autorizzazione per il radiofaro PAPA. Salire e mantenere livello di volo 9 0. Virare a destra direzione aaaaa 040 verso il VOR di Las Palmas".

Ore 17.06 e 9 secondi.

"Roger. Siamo autorizzati al radiofaro PAPA. 040 livello 9 0. Siamo al decollo".

Due secondi dopo, i freni del Boeing 747 vengono rilasciati. Alle 17.06 e 14 secondi il cockpit recorder capta i suoni dei motori che salgono a piena potenza.

Quattro secondi dopo, arriva la risposta della torre: "Okay". Due secondi ancora: "Standby per il decollo... aaaa... vi chiamo io". Sono passati ben 9 secondi da quando il volo KLM ha iniziato la procedura.

Nella cabina del PanAm i piloti si guardano l'un l'altro. "Improvvisamente ha fretta, dopo che ci ha fatto attendere... Avvertili, dai."

"Siamo ancora in pista per il taxi, PanAm 1736...".

"Ah... aaaaa PanAm1736 riportate quando siete usciti".

"Grazie".

Meurs è ovviamente sorpreso da questa conversazione. Quasi sottovoce farfuglia: "Quindi non è uscito?".

"Come dici?".

Meurs alza la voce, cercando di scorgere qualche sagoma in quel mare di nebbia, mentre le 18 tonnellate dell'aereo accelerano rabbiosamente: "Ma quindi non è uscito, il Pan American?!".

Dorothy sta bevendo un caffè con i colleghi Miguel Torrech e Carla Johnson, vicino alla porta 1R, al riparo dalla vista dei passeggeri.

Improvvisamente l'aeroplano scarta sulla sinistra, accelerando, facendola sbattere sul finestrino col viso. E, per un istante, vede l'enorme sagoma con la livrea azzurra e bianca, arrivare a velocità impazzita verso di loro. I piloti olandesi fino all'ultimo tentano di decollare, facendo addirittura strisciare la coda sull'asfalto tra una miriade di scintille. E quasi ci riescono, ad alzarsi in volo, passando con il muso e il ventre a pochi centimetri dalla fusoliera bianca del PanAmerican.

Ma il carrello centrale e i motori tagliano come il burro l'aereo a terra, posto quasi perfettamente in perpendicolare con la pista.

Per Dorothy il buio.

Si risveglia dopo qualche istante avvolta tra cavi e lamiere, sangue e urla. Il suo istinto la riporta immediatamente alle tante ore di addestramento. Comincia a districarsi tra le poltrone, cercando altri superstiti e dando istruzioni.

Le porte però sono ostruite, e verso il centro del mastodontico aereo si vede solo fuoco. L'unica via d'uscita è attraverso le aperture causate dall'incidente, verso l'alto. E poi saltare, verso le lamiere contorte 6 metri più sotto.

Con stoico coraggio Dorothy e gli altri attendenti superstiti cercano di aiutare più persone possibili ad allontanarsi dall'aereo che ora è in fiamme, con il rischio che esplodano motori e altro materiale infiammabile. Scavando letteralmente tra i sedili, trova altri due passeggeri ancora vivi, che però non vogliono muoversi, terrorizzati. L'esperta hostess, con una forza trovata solo grazie alla volontà, li spinge giù prima di saltare lei stessa verso il vuoto.

Nel frattempo, nella torre di controllo regna la confusione più totale. Per lunghi minuti, il personale cerca di capire l'accaduto, non certo aiutato dalla fitta nebbia che continua a persistere. Non si rendono ancora conto che gli aerei coinvolti sono due, non solo quello che intravedono eruttare fumo, sulla pista. I mezzi di soccorso si fermano tutti attorno al PanAm.

Solo dopo parecchi minuti gli addetti alla sicurezza si accorgono dell'altro aereo, completamente distrutto a fondo pista.

Dorothy Kelly sta ancora assistendo i feriti, ora assieme ai paramedici. Cercano di caricarla su una ambulanza, ma lei rifiuta. Tentando di utilizzare una forbice, si rende però conto che ha il braccio rotto. Solo allora si siede, e accetta di farsi curare.

Una volta arrivata all'ospedale, però, rifiuta nuovamente il ricovero, e passa i giorni successivi a far compagnia ai passeggeri, addirittura aiutando medici e infermieri per quanto può.

In quello che tutt'oggi è ancora il più grave incidente aereo della storia morirono 538 persone, tra passeggeri e membri dei due equipaggi, e furono 61 i feriti.

Le lunghe investigazioni che seguirono cambiarono per sempre sia le regole da seguire per gli Air Traffic Control, sia le procedure e le frasi standard, in particolar modo in fase di decollo e atterraggio.

Nessuno ha saputo spiegare perché l'addetto alla radio avesse dato l'ok dopo il "siamo al decollo" pronunciato dal copilota KLM. Ma le indagini stabilirono che il comportamento dell'equipaggio olandese sia stato fondamentale per causare l'incidente, e la compagnia di bandiera dovette compensare le famiglie delle vittime.

Dorothy passò mesi nell'isola canaria per riabilitarsi, tornando infine al lavoro che tanto amava. Fu insignita della medaglia d'argento al valore civile, per il suo eroismo.

Nel 1988, quando era di stanza a Londra, una sua cara amica e collega le chiese di scambiare il turno – cosa che nel 1977 le aveva salvato la vita, cambiando posizione di lavoro – ma lei rifiutò perché si era già organizzata. L'aereo sul quale non salì era Pan Am 103, che fu fatto esplodere proprio quel giorno, nella tragedia conosciuta come "Incidente di Lockerbie".

Le fu concesso di prendersi qualche tempo per recuperare emozionalmente, ma nel 1991, quando la PanAm fallì, fu tra i molti licenziati, nonostante fosse riconosciuta nell'ambiente come una figura eroica e d'esempio per tutti. Dopo una lunga causa legale, 5 anni più tardi rientrò in servizio.

A seguito degli attentati dell'11 settembre 2001, Dorothy dimostrò ancora una volta il suo spirito e il suo carattere, mettendosi a disposizione di parenti e soccorritori.

SUPERSTITI E SOCCORRITORI, POCHI ISTANTI DOPO LO SCHIANTO

Ricordando quei momenti e il suo ruolo, scrisse: "Non riguarda cosa mangerai o quanto velocemente avrai un bicchiere di champagne. Il nostro ruolo primario è di farvi salire e scendere dall'aereo nel modo più sicuro, qualcosa che non è mai sottolineato abbastanza e qualcosa forse da ricordarsi, la prossima volta che prenderai un aereo".

SFIDARE L'IMPOSSIBILE

Volo United Airlines 232

Pilotare un aeroplano di linea è una faccenda molto complicata e, al contempo, molto semplice. Da parecchi anni la tecnologia è in continua evoluzione, e i produttori di aeromobili spendono un'ingente quantità di denaro per perfezionare i controlli di volo e di sicurezza.

Questo però significa che si tratta di macchine incredibilmente complesse nel loro funzionamento, e la preparazione di piloti e personale addetto alla manutenzione deve essere estremamente meticolosa

Di certo l'esperienza non manca al pilota Alfred Clair Haynes, che alla data del 19 luglio 1989 vanta poco meno di 30 mila ore di volo. Mentre si imbarca sul DC-10 della UNITED Airlines, compagnia per la quale lavora da una vita, Haynes scambia due parole con i suoi colleghi di oggi: William Records, anche lui con una gran esperienza anche se non con questo velivolo, e l'ingegnere di volo Dudley Dvorak.

Oggi è una giornata particolare: la United Airlines ha offerto biglietti speciali per i bambini, a solo un centesimo, e quindi tra i 285 passeggeri c'è un bel po' di caos...

Di certo non il giorno più bello per volare, per chi voleva un viaggio tranquillo verso Chicago!

Il volo è pronto al gate dell'aeroporto di Denver, e manca solo l'autorizzazione del ground control[31], e poi del departure[32]...

Alle 14.09 del 19 luglio 1989, il volo United Airlines 232 si alza in volo, e procede verso la rotta assegnata.

Tra i passeggeri c'è anche chi in teoria non avrebbe dovuto esserci: Upton Rehnberg, all'ultimo, ha deciso di interrompere il viaggio di affari che stava facendo, per provare a raggiungere in tempo il figlio per il suo nono compleanno... Upton è un viaggiatore abituale, e ha una mania: stare in

---

[31] Ground control: servizio radar fornito da un controllore del traffico aereo (posizionato nella torre) che, durante una procedura di partenza, fornisce direzioni ed autorizzazioni per muoversi sul suolo dell'aeroporto.

[32] Departure: similmente al ground control, servizio radar fornito da un controllore del traffico aereo (posizionato nella torre) che, durante una procedura di partenza, fornisce autorizzazioni ed indicazioni a partire dal posizionamento sulla pista.

coda all'aeroplano. Ma i biglietti erano esauriti, ce n'era solo uno rimasto... 9A. "Me ne farò una ragione", si disse fra sé e sé; "per il piccolo Kody, questo e altro!".

Poco dietro a lui siede un altro passeggero per certi versi inusuale: Dennis Fitch, quarantaseienne impiegato dalla stessa United Airlines. Dennis fa un lavoro particolare: il cosiddetto *check airman*. In sostanza è un pilota istruttore, che ha un ruolo nella valutazione dei piloti: sicurezza, qualifiche, capacità... Insomma, come quando si prende la patente e c'è quel tizio seduto dietro, per intenderci.

Dennis non sta lavorando, oggi. Sta solo maledicendo quelli della compagnia, che non gli hanno detto della giornata dedicata ai bambini...

Il volo 232 sale a quota di crociera, a 11.000 metri di altezza. Alle 15.16, inizia una lieve virata verso destra, per proseguire nella rotta assegnata.

Improvvisamente, senza la benché minima avvisaglia, una esplosione scuote l'intero aeroplano. I piloti, dalla cabina, sentono come un sobbalzo, e l'intero velivolo che inizia a tremare.

L'autopilota si scollega automaticamente. Gli strumenti indicano un malfunzionamento al motore numero 2.

Il DC10 è un velivolo particolare, nella sua costruzione: ha tre motori, di cui uno in coda, incassato nel montaggio verticale di poppa. Il motore numero 2, appunto.

Il primo ufficiale Records prende immediatamente i comandi, mentre il capitano Haynes si concentra sulle tre coppie di leve che fungono da comandi dei motori, ma li trova bloccati: sia la manetta che aumenta e diminuisce potenza, sia i controlli del carburante sono incastrati. Almeno quelli del motore 2.

Dvorack, dalla sua posizione dietro ai piloti, suggerisce di chiudere la valvola di sicurezza del motore di coda: questa impedisce al carburante di continuare a fluire verso il propulsore danneggiato.

Tali operazioni prendono un totale di 14 secondi.

Nel frattempo, Records realizza con angoscia un altro problema: l'aereo non risponde ai suoi comandi. Anche se dà tutto barra a sinistra, il DC-10 continua ad imbarcarsi verso destra; anche se tira a sé la colonna, il muso dell'aereo continua lentamente a puntare verso il basso.

Avvertito Haynes, è il turno del capitano di provare a manovrare. Non succede nulla.

Provano entrambi, contemporaneamente.

Ancora nulla.

Ora la situazione è veramente preoccupante: il velivolo rischia di trovarsi invertito, se continua a ruotare verso destra, e da quella circostanza non si esce più.

Haynes ha un'intuizione: porta la potenza del motore di sinistra su "neutrale", e mette al massimo quello di destra.

L'aereo, lentamente, comincia a livellarsi.

Grazie a questo momento di calma, l'equipaggio può concentrarsi sulla *checklist*[33] specifica per il malfunzionamento di un motore: tirano fuori il

---

[33] Checklist: lista scritta, e presente in cabina, che enumera l'insieme dei parametri e degli apparecchi da controllare e delle procedure da seguire, al presentarsi di dati eventi. In un aeroplano sono presenti checklist pre-accensione, pre-volo, post-decollo, eccetera, e anche in caso di malfunzionamenti e guasti specifici.

manuale, e mentre Records legge, Haynes controlla meticolosamente tutti i parametri e gli interruttori, affinché siano come indicato.

"Ehi, ma... ".

"Non ora".

"No no, guardate!". La voce di Dvorak è talmente agitata da distogliere i due piloti dal loro compito. L'ingegnere di volo sta puntando il dito verso gli indicatori della pressione dei fluidi.

La pressione di tutti e tre i sistemi idraulici è pari a zero, e senza sistemi idraulici, nessun comando dell'aereo può funzionare. Semplicemente, l'aereo non è controllabile tramite la colonna di pilotaggio.

Quello che i piloti non possono sapere è che la turbina del motore numero 2 aveva una crepa. Ce l'aveva da 10 anni, anche se nessuno l'aveva notata. E quella crepa si era allargata nel tempo, fino ad aprirsi e disintegrare la turbina stessa.

I pezzi, lanciati ad altissima velocità, hanno danneggiato profondamente la coda dell'aereo, e i sistemi al suo interno.

Immediatamente, l'equipaggio cerca di attivare il generatore ad aria per cercare di dare energia alle pompe idrauliche di emergenza. Ma ancora una volta, non succede nulla.

Nel suo posto al 9A, Upton ascolta la voce del comandante. L'esplosione e le vibrazioni hanno spaventato ovviamente tutti, ma la voce di Haynes è calma e professionale. Upton non è preoccupato: sa che con un motore in avaria si atterra senza grossi problemi. Istintivamente, però, si toglie la cravatta, si allaccia le scarpe, e mette gli occhiali da lettura nel taschino. E attende.

Nel frattempo in cabina si sono messi in contatto con la compagnia. Un ingegnere di manutenzione, Sam, ascolta attentamente gli eventi descritti dall'equipaggio.

"Cioè… tutti e tre i sistemi idraulici a zero?".

"Esatto".

"È considerato virtualmente impossibile… non esiste una procedura per…".

Haynes impreca tra sé e sé.

Parlando con l'*air traffic control*, decidono che l'unica opzione attuabile potrebbe essere il Sioux Airport. Forse la pista è corta ma... non c'è comunque molta speranza di portare a terra l'aereo in maniera controllata, data la situazione... Nessuno ci ha mai provato prima.

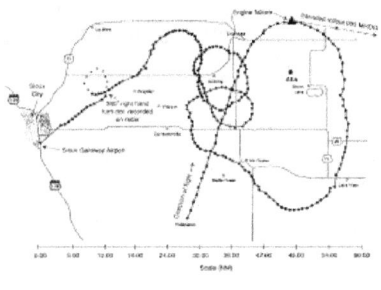

LA ROTTA DEL VOLO, CON TUTTE LE DEVIAZIONI

"Qui Approccio di Sioux, avete modo di girare a sinistra in direzione 2 5 5?".

Haynes digrigna i denti. "Negativo. Possiamo solo girare a destra. Prendiamo quella direzione girando in cerchio!".

E così fanno. Il DC10 viene lasciato girare a destra, bilanciando i motori, fino a completare un cerchio quasi completo.

Ora è allineato con la pista 31L, a poco più di 40 miglia di distanza.

Haynes e Records stanno ancora combattendo con i comandi, facendo altri 360 gradi una volta persa la direzione verso l'aeroporto.

"Hai scaricato il carburante?" viene chiesto a Dvorak. "Mi sono completamente dimenticato... attivo la pompa di scarico veloce!".

Mentre discutono con l'ATC, si sente bussare alla porta. È una delle attendenti di volo con Dennis Fitch.

"Mi chiamo Al Haynes".

"Ciao Al, Denny Fitch".

"Come va Denny?".

"Beh, Al... ti dirò: appena finita questa, ci beviamo una birra assieme".

"Mmmm io sono astemio. Ma dopo questa, sicuro che ce ne facciamo una... Vira... vira... ecco".

Dennis si offre di dare aiuto se può. E il suo volto ha una strana luce quando gli dicono di aver perso completamente i circuiti idraulici. L'istruttore di volo, infatti, ha passato gli ultimi mesi a revisionare un incidente simile, accaduto in Giappone: il volo Japan Airlines 123, fatto sempre con un DC10, che nel 1985 si era schiantato su un monte proprio per l'impossibilità di manovrare.

Fitch aveva passato parecchio tempo al simulatore per capire come si potesse uscire da una situazione del genere. Chiede ed ottiene, quindi, la possibilità di mettersi ai comandi dei motori.

L'aeroplano, sotto i comandi di Fitch, si stabilizza ulteriormente, e viene mitigato l'effetto di moto fugoide nel quale era entrato.

Il moto fugoide è un effetto già conosciuto, per gli aerei che sono privi di input direzionali. In sostanza: l'aereo tende a mettere la prua verso il basso, e ad acquisire velocità. Ma questo aumenta la portanza, che fa quindi alzare il muso. E così via. Il problema è che, ad ogni ciclo, il volo 232 perde circa 500 metri in altezza e non ha modo di riguadagnarli.

Alla porta bussano ancora. Questa volta l'assistente di volo vuole sapere come comportarsi. Il capitano dà gli ordini precisi.

"Ma, darete quindi voi l'ordine di evacuazione, una volta a terra?".

"Si ma... ho i miei forti dubbi che ci vedrai in piedi, una volta a terra. Quindi procedete dopo pochi secondi. Buona fortuna, dolcezza".

"Grazie, anche a te…".

Fitch a questo punto suggerisce di abbassare il carrello per aumentare la resistenza all'aria. I quattro discutono a lungo su questa possibilità, e su come far scendere il carrello senza pressione idraulica.

"United 232, la vostra rotta è perfetta ora. 32 miglia all'aeroporto".

"Ok. Non avremo freni, quindi mandate i mezzi d'emergenza bene in fondo…".

L'aereo, sceso ad una altezza minore, pare rispondere meglio all'aria più densa.

Ma è troppo alto, e dannatamente troppo veloce. E continua a voler andare a destra…

"Siete a 17 miglia a nord est dell'aeroporto. Se riusciste a virare a sinistra…".

Niente.

Un altro giro, questa volta per prendere l'aeroporto da est. 180 gradi la nuova rotta. Ora verso la pista 22[34], di soli 2000 metri. Ma non c'è altra soluzione.

---

[34] Le piste sono contrassegnate da numeri disegnati ad ogni estremità; queste cifre indicano la direzione magnetica verso cui le piste puntano.

IL VOLO UA232 FOTOGRAFATO PER CASO DURANTE L'ATTERRAGGIO DI FORTUNA

"Tra 4 minuti circa saremo a terra. Dì in cabina di prendere posizione".

Dvorak esegue, e i passeggeri sentono un misto tra la sua voce e quella degli altri tre che continuano a darsi informazioni.

"Indietro indietro indietro... avanti avanti avanti... sarà un atterraggio divertente, no?". Così dicendo, Haynes riesce a strappare un'altra risata in cabina.

Due minuti.

"United 232, vento tre sei zero a uno uno tre sessanta. Avete autorizzazione ad atterrare su qualsiasi pista".

Il numero indicato è il risultato della divisione per dieci del valore dell'orientamento magnetico arrotondato all'unità più prossima. Nel caso in cui questa divisione dia per risultato una sola cifra, deve essere preceduta dal numero zero.
Per fare un esempio pratico, se la pista è indicata con il numero 18, questo indica che ha una rotta magnetica di 180 gradi. Se una pista ha una direzione magnetica di 133 gradi, sarà indicata con il numero 13, per arrotondamento all'unità più prossima.

"Roger – ha ha! – volevate anche fare i preziosi e indicare una pista particolare?".

È l'ultima battuta di Haynes in quel volo.

Invece di 260 km/h di velocità e 1 metro e mezzo al secondo di discesa, come in un atterraggio normale, il DC10 sta andando a 410 km/h e scende 9.4 metri al secondo. Nessuno ha mai provato a portare quell'aereo ad atterrare a quelle velocità, e senza flap.

"Porta indietro la potenza. Così. Portala indietro a sinistra.

Manettino di sinistra, sinistra, sinistra sinistra!

Oh Dio!".

Il volo United 232 si inclina verso destra subito prima di toccare terra. L'ala di quel lato tocca la pista per prima, aprendosi e spruzzando carburante, che si incendia subito.

Il DC 10 rimbalza quindi a terra una volta, poi una seconda, mentre l'ala danneggiata spezza un troncone della coda, all'altezza della quartultima fila di sedili.

Il velivolo rimbalza una terza volta, capovolgendosi mentre si dirige impazzito verso il campo di pannocchie ai lati dell'aeroporto. Si spezza in altri 4 tronconi.

Upton Rehnberg al momento del primo impatto è in posizione "brace[35]", cercando di imitare alla perfezione il disegno della brochure su come comportarsi in caso di emergenza. Quante volte l'aveva vista, quante volte non ci aveva fatto caso...

Ma l'urto è talmente forte da fargli volare in aria le braccia. Un istante, la sensazione di girare e... buio.

Upton si risveglia appeso alla cintura di sicurezza. Attorno a lui solo poche grida. Si rende subito conto di essere a testa in giù.

Si libera dalla cintura, e in qualche modo si fa strada camminando su quello che una volta era il soffitto della cabina. Ancora stordito, ha la prontezza d'animo di aiutare, facendo strada tra una

---

[35] Tipo di posizione da assumere in caso di incidente. Generalmente, in ambito aeronautico, la posizione "brace" per i passeggeri consiste nel piegarsi in avanti, tenendosi al sedile anteriore coprendosi la testa con le braccia, e puntandosi con le ginocchia.

miriade di cavi e lamiere contorte, ad altri passeggeri.

È finita.

Dei 296 occupanti del volo, morirono in 111. Alcuni di questi sopravvissero all'impatto, ma perirono a causa del fumo generato dall'incendio. I mezzi di soccorso, mandati a fondo pista, non riuscirono a farsi strada velocemente nel campo di pannocchie….

Tra i 181 passeggeri che devono la loro vita all'eroico stoicismo dei piloti, ben 12 ne uscirono senza ferite. Tra questi, anche alcuni bambini.

La cabina di pilotaggio venne riconosciuta tra i rottami ben 35 minuti dopo l'incidente. All'interno, tutti e quattro gli esperti aviatori erano feriti seriamente. Ma vivi.

Tutti e quattro guarirono completamente dalle ferite riportate, e tornarono successivamente a volare regolarmente.

LA CABINA DI PILOTAGGIO, COME VENNE RITROVATA

VESNA CHE VENNE DAL CIELO

Volo JAT 367

VESNA VULOVIĆ

"I'm back in U.S.S.R!", cantano ridacchiando le quattro ragazze. È il 1968, e il disco intitolato semplicemente "The Beatles", con quella copertina vuota, è già un successo internazionale.

Lo è anche nella Repubblica Socialista Federale di Jugoslavia, dove nonostante ci sia una forte e pressante componente di controllo del dissenso politico, le influenze culturali europee arrivano quasi senza filtri. E quelle quattro diciottenni, appena uscite dai loro studi di grammatica, cantano quella canzone dissacrante, forse non completamente consce del messaggio, ma comunque inebriate dalla forza di quel brano.

Tra loro c'è Vesna Vulović, nata e cresciuta a Belgrado, che aveva scelto l'università di lingue proprio "a causa" dei Beatles. Le lingue le erano sempre piaciute, le considerava un po' un modo per viaggiare per il mondo. Ma l'inglese lo preferiva proprio perché lo aveva iniziato a conoscere in quel modo, cantando quelle canzoni che parlano di spensieratezza, amore, passione, divertimento. Insomma, parlano di lei.

Qualche mese dopo, alla fine del primo anno accademico, Vesna vola proprio in Inghilterra, a Newbury, dove vivono alcuni amici dei suoi genitori. È una vacanza studio, sulla carta, ma la curiosità della giovane Jugoslava non può bloccarla a così poca distanza da Londra. Ed è da lì che con una amica si imbarca in un volo per Stoccolma, da dove chiama entusiasta i suoi genitori. Che però sono decisamente poco propensi a quell'entusiasmo.

La fama della capitale svedese di essere un luogo particolarmente libertino spaventa i due, che impongono alla figlia di tornare indietro immediatamente. Lei, ubbidiente, anche se tra mille proteste, fa ritorno a Belgrado. Ma il seme della curiosità è ormai impiantato.

E così, un anno dopo, Vesna ha la folgorazione quando incontra una conoscente con addosso una strana ma affascinante divisa.

Il cappello dell'amica è tondo, elegante, e le incornicia i capelli raccolti alla perfezione. Al centro, un logo che richiama la gloriosa bandiera della sua Jugoslavia. La giacca e la gonna sono di un turchese scuro, serio, di una eleganza formale. Cucite sul cuore tre lettere: JAT, per Jugoslovenski Aerotransport. E poi i racconti: un pomeriggio qui, una notte lì, l'aeroporto Nikola Tesla di Belgrado come un punto di partenza verso il mondo.

Nel 1971 Vesna decide di fare come l'amica e diventare una hostess per la compagnia di bandiera Jugoslava. Ha un solo problema: una storia abbastanza seria di bassa pressione. Le hanno detto tutti che sarà tutt'altro che semplice convincere i medici che le faranno la visita obbligatoria... Ma Vesna ha un piano.

Poco prima del suo turno con i dottori, l'ormai ventunenne ingolla letteralmente cinque tazze piene di un caffè così forte da far torcere il palato. Il trucco funziona: passa la visita senza grossi problemi.

26 Gennaio 1972. Sono ormai 8 mesi che Vesna Vulović lavora per la JAT. Ancora non ha un contratto definitivo, ma già la sua vita è assolutamente piena, come del resto lei stessa voleva. "Prendi oggi, per esempio, avresti mai immaginato che saresti stata a Copenaghen? E pensare che nemmeno ci saresti dovuta arrivare, fin qui in Danimarca!".

Chissà chi aveva fatto un errore a trascrivere i turni, e un'altra Vesna era finita a Londra. La dottoressa in lingue, al contrario, aveva passato la notte in un hotel della capitale danese. Poco male, però. Un'altra bandiera da appendere alla mappa in camera. Che bella la vita: due giorni fa nella deliziosa Lubiana, a fare un giro con le amiche, e ora qui!

L'aeroplano sul quale si deve imbarcare è appena arrivato da Stoccolma, e proseguirà il suo viaggio fino a portarla a casa, alla sua Belgrado.

Belgrado. Dove ci sono i suoi genitori, i suoi amici, la sua vita, certo. Ma qualcosa sta cambiando profondamente anche lì. Già da qualche anno, nella regione del Kosovo ci sono violente proteste, e l'anno scorso, nel 1971, durante il Masovni Pokret – il "Movimento di Massa" – c'erano stati così tanti scontri a Zagabria... E quando quei linguisti dell'università si misero a guidare la protesta studentesca, pubblicando a settembre un libro di ortografia e grammatica croata... Josip Broz Tito non la prese certo bene, e fece distruggere tutte le copie di quel manuale così sfacciatamente nazionalista... Anche se pare che una copia sia giunta a Londra e ristampata proprio quest'anno... Chissà come andrà! Di certo Vesna è preoccupata, come tutti i suoi coetanei, del proprio futuro.

Ne aveva parlato anche con le sue colleghe in quelle lunghe ma divertenti ore passate nella capitale danese: era arrivata ieri, e poi il solito albergo anonimo ma carino, e poi shopping e cena in centro.

E le chiacchierate sul lavoro e sui viaggi, con quell'incredibile storia, arrivata dal Sud America, della ragazza che lo scorso Natale era sopravvissuta a uno schianto, vagando per giorni nella giungla fino a che l'hanno poi trovata, pochi giorni fa... Juliane del Perù, poco più giovane di lei... che storia, da raccontare più e più volte con le amiche!

L'atmosfera era stata strana, però, quel pomeriggio... le sue colleghe hanno passato il tempo a comprare pensierini per le proprie famiglie, e addirittura Ludvik Razdrih, il capitano, non era uscito dalla propria camera. E al mattino, a colazione, il primo ufficiale Ratko Mihić, che parlava della sua bambina come se fosse l'unica persona al mondo che avesse una bambina...

Un'aria strana, forse dovuta anche alle notizie da casa, e al pensiero di tornarci...

Ma oggi, almeno oggi, lì nell'aeroporto di Copenaghen, Vesna non sta pensando a tutto questo. Fissa dalle finestre il McDonnel Douglas DC-9 che sta terminando le operazioni di sbarco. Sopra bianco, poi l'inconfondibile pancia blu con quella linea rossa che va verso gli impennaggi di coda, anch'essa tutta blu, e quelle tre lettere che rendono la giovane patriota fiera di lavorare per quella compagnia: JAT.

Mentre attende chiacchierando, lei e una collega notano una scena piuttosto buffa: uno dei passeggeri è decisamente arrabbiato. È lontano e non possono sentire di cosa si stia lamentando, ma mentre sbuffa e impreca in direzione di chissà chi, nuvole di vapore erompono dalla sua bocca a causa dell'aria fredda. Anche i piloti si fermano a guardare la scena.

Certa gente è proprio strana.

Finalmente è ora di salire in aereo: un saluto al personale delle pulizie, e via a fare gli ultimi controlli prima della parte che a Vesna piace di più. Volare. Che bello fare un lavoro che ti diverte così!

Ore 15.15: il capitano Razdrih ordina tutto motore, e il volo JAT 367 decolla in direzione Zagabria, penultima destinazione prima di volare verso Belgrado. Tre i Paesi da sorvolare: Germania dell'Est, Cecoslovacchia, Austria, e poi la discesa verso la Jugoslavia una volta superato il fiume Drava, lasciandosi la splendida Graz alle spalle, sulla destra.

L'aereo sale velocemente alla quota di crociera di 33.000 piedi, equivalenti a 10.058 metri, e prosegue nel suo tranquillo viaggio con i suoi 23 passeggeri a bordo, e 5 membri dell'equipaggio.

Appena il segnale del capitano lo consente, le tre hostess si alzano chiacchierando allegramente, per terminare le ultime procedure e preparare i carrelli con le bevande.

A Vesna piace anche questa parte del suo lavoro: il contatto con le persone, la possibilità di scambiare una battuta... certo non con tutti, ma li vedi subito quelli che ti sorridono, e che non hanno solo fretta di ordinare e tornare al loro libro, o....

All'improvviso un boato assordante scuote l'intero aeromobile. Il DC-9, lanciato a 940 km/h, pare arrestarsi per un momento, mentre la fusoliera si contorce su se stessa. I due motori Pratt&Whitney si staccano dal loro alloggiamento e, ancora a piena potenza, schizzano impazziti in direzioni diverse. L'aeroplano non è più un aeroplano, disintegrato in tronconi.

La maggior parte dei passeggeri vengono risucchiati verso il vuoto. Vesna viene colpita con violenza dal carrello, che la schiaccia assieme ad una collega contro la fusoliera ormai spoglia. E lì viene tenuta dalla forza centrifuga, mentre quel rimasuglio di velivolo, ormai solo una grossa lamiera irriconoscibile, volteggia accelerando senza controllo verso il buio, dieci chilometri più sotto.

È buio attorno a Bruno Honke, e sono solo le 16. Fa freddo. Tanto freddo.

"Non importa", pensa tra sé. "Mi scalderò a casa".

Bruno è un taglialegna. Lavoro duro, soprattutto nel freddo di questa parte di Cecoslovacchia. Ma Bruno ha visto ben di peggio. Lui, tedesco di origine, ha servito come medico militare durante la Seconda guerra mondiale nell'esercito del Terzo Reich. Il freddo e la neve si possono sopportare. L'importante è avere qualcuno da cui tornare, un lavoro onesto, e un posto che si può chiamare casa. E lui quel posto lo ha trovato qui, a Srbská Kamenice, tanti anni fa, per ricominciare da capo. E poi... Bruno sorride sotto alla folta barba. E poi quella nipotina in arrivo, tra poco!

Beh, nipotina o nipotino. Non lo sa ancora, ma il taglialegna spera in una femminuccia, così magari le potranno dare il nome di...

All'improvviso attorno a Honke si scatena un inferno di rottami incendiati che arrivano dal buio del cielo. Attorno a lui sente tonfi e boati, e istintivamente si copre la testa, pur non riuscendo a distogliere lo sguardo. In un attimo capisce.

"Vai a chiamare gli altri al paese!" grida ad uno dei colleghi, e si lancia verso il più vicino dei detriti. Ma non trova nulla, solo cavi, lamiere. Poi va verso un altro, più grande, sembra un sedile... nulla. Si ferma a guardare gli altri, che nel frattempo si sparpagliano in varie direzioni, inseguendo quelle lucciole infernali.

Poi sente un grido. Lungo, straziante. Corre in mezzo alla neve alta, come può. Fino a giungere ad un grosso pezzo di lamiera, bianco, con una linea rossa sotto, nella parte convessa. Ci gira attorno, verso quello che una volta era l'interno del volo JAT 367. E trova Vesna Vulović.

IL SITO DELLO SCHIANTO, QUALCHE TEMPO DOPO LO SCIOGLIMENTO DELLA NEVE

Coperta di sangue, in una posizione innaturale, ancora schiacciata dal carrello e con sopra di lei il cadavere di una collega. Ma viva. Che urla disperata fissando il vuoto. L'ex medico militare Bruno Honke, dopo alcuni istanti di esitazione, le si lancia letteralmente addosso per aiutarla.

14 Febbraio 1972. Vesna apre gli occhi. I suoi genitori attorno a lei. Chiede disperata cosa le

sia successo, e per provare quella storia così difficile da credere le mostrano il giornale che parla di lei. La ragazza sviene, in stato di shock. 25 Febbraio 1972. È passato poco più un mese dall'incidente, e di nuovo Vesna apre gli occhi. Questa volta, però, i suoi genitori vedono una luce diversa. "Cosa ci fate qui con me a Lubiana?" è la prima strana domanda che riesce a pronunciare.

La giovane è entrata e uscita dal coma per settimane, a causa delle molteplici fratture alle gambe, alle vertebre ma soprattutto quelle al cranio. Si guarda attorno spaesata, non ricorda nulla. Sforzandosi, l'ultima cosa che riesce a vedere nella sua memoria è quella signora delle pulizie, a Copenaghen. Poi nulla, fino a oggi.

I medici le spiegano che probabilmente a salvarla – oltre al carrello che schiacciandola le ha impedito di volare fuori da quel pezzo di carlinga – è stata proprio quella bassa pressione che stava per impedirle di ottenere il lavoro: il suo cuore ha retto all'impatto, e probabilmente anche le emorragie sono state inferiori rispetto a quelle che normalmente avrebbe riportato una persona che non soffriva di quel problema.

Nelle ore successive, lentamente, Vesna torna a comprendere cosa la circonda, in quell'ospedale di Praga. Non solo i medici e i genitori, ma anche un piantone che la guarda a vista 24 ore su 24. Qualche giorno dopo le spiegano il motivo.

Il volo JAT 367 è esploso a causa di una bomba, rivendicata il giorno dopo dagli Ustashe, i fascisti ultra-nazionalisti croati, assieme all'ordigno piazzato lo stesso giorno in un treno, uccidendo altre sei persone. Ma ora che la ragazza è sopravvissuta, le autorità di Tito temono che i terroristi vogliano ucciderla, in quanto testimone di quanto accaduto.

Solo che Vesna non ricorda assolutamente nulla. La interrogano, varie volte, nonostante le sue forze siano deboli, per tentare di avere qualche indizio. L'unica cosa che ricorda di strano è quel tizio arrabbiato, che scendeva dal DC-9 appena atterrato da Stoccolma...

Il 12 Marzo, dopo un'operazione che restituisce alla ragazza l'uso della gamba destra, i medici acconsentono a trasferirla in un ospedale di Belgrado, dove proveranno a curare anche l'altro arto ancora paralizzato. I dottori rassicurano la ragazza: "Ti daremo qualcosa che ti addormenti per tutta la durata del volo", le dicono.

"Non esiste!", risponde lei, ora con più forze. "Voglio godermi il volo. Io adoro volare!".

E così Vesna Vulović tornò finalmente nella sua Belgrado. I 16 mesi di riabilitazione furono lunghi e dolorosi, con i genitori che dovettero vendere entrambe le automobili di famiglia per pagare le spese, ma finalmente tornò a camminare, anche se a volte doveva aiutarsi con un bastone. Chiese con gran forza di poter rientrare in servizio, a fare quel lavoro che tanto amava, ma nel frattempo era diventata una celebrità (scrissero pure una canzone in suo onore!), un po' come quella ragazza del Perù che aveva avuto la stessa sorte solo un mese prima di lei. E il governo non voleva tutta quella pubblicità, riguardo all'incidente riguardante la compagnia di bandiera.

Tito le conferì una menzione d'onore, è vero, ma la JAT non la fece più volare come hostess: si ritrovò a fare l'impiegata commerciale.

Negli anni successivi tornò varie volte nella piccola Srbská Kamenice, dove tutt'ora c'è un monumento alle 27 vittime che erano in volo con lei, per le celebrazioni commemorative. Dal 1974 è cittadina onoraria di quel borgo.

Si sposò nel 1977 con un ingegnere meccanico, quando entrambi i genitori di lei erano da poco deceduti a pochi mesi l'uno dall'altro. E di nuovo rischiò la vita il giorno in cui la sua prima gravidanza ebbe gravi complicazioni, uccidendo la vita che aveva in grembo.

VESNA E SIR PAUL MCCARTNEY, NEL 1985

La sua storia continuò tormentata, lei così fieramente serba ma assolutamente contraria allo spirito ultranazionalista che strisciava tra la popolazione.

Un momento di estatica gioia però le capitò quando, nel 1985, l'associazione del Guinness dei Primati le riconobbe il premio come persona sopravvissuta alla più alta caduta senza paracadute di sempre. Il riconoscimento le venne assegnato a Londra. E a consegnarglielo fu Sir Paul McCartney in persona.

Nei primi anni Novanta la sorte le tornò avversa. Divorziò con il marito, e nello stesso periodo venne licenziata dalla JAT a causa delle sue "campagne" politiche con i colleghi, a cui sconsigliava – scongiurandoli – di non votare il nazionalista Slobodan Milošević, partecipando anche a varie manifestazioni anti-governative.

Non la arrestarono mai, al contrario di tanti altri, perché continuava ad essere una figura conosciuta ed eroica nell'immaginario collettivo. Ma alcuni giornali legati alla destra nazionalista cominciarono una campagna volta a sminuire la sua storia, inventandosi che l'aereo sarebbe stato abbattuto dalle forze cecoslovacche ad un'altitudine molto minore, durante un atterraggio di fortuna. Ma entrambe le scatole nere del DC-9 furono ritrovate e sbobinate, smentendo questo tentativo di mistificazione.

Nell'Ottobre del 2000, durante la rivoluzione dei Bulldozer, fu una delle celebrità che parlò alla folla dal balcone del municipio di Belgrado, cantando finalmente vittoria.

Ma negli anni successivi la vita fu dura, per Vesna. Con il solo fratello rimasto, nella sua famiglia, visse assieme a i suoi tre gatti in un modesto appartamento, con 300€ al mese di pensione. Soffriva, disse in un'intervista, di "senso di colpa del sopravvissuto". Ne rifiutò molte altre, di interviste, addirittura dicendo di no alla celebre Oprah Winfrey, e alla BBC. Raggiunti i sessant'anni, la sua salute cagionevole le impedì di continuare ad andare alle celebrazioni della tragedia. "Non ditemi che sono stata fortunata!", la si sentì dire in più di una occasione. "Se fossi stata fortunata non ci sarei mai salita, in quell'aereo...".

Nel dicembre 2016, preoccupati perché non la sentivano da un po', alcuni suoi amici chiesero alle autorità di entrare nell'appartamento. La trovarono senza vita, a 66 anni, e venne tumulata nel cimitero della sua amata città.

Il boscaiolo Bruno Honke, alla fine, ebbe una nipotina. Nacque sei settimane dopo l'incidente del volo JAT 367. A quella bimba venne dato il nome di Vesna, il nome di quella ragazza che, un giorno, venne dal cielo.

SCANSIONA IL CODICE
PER ASCOLTARE

LA CADUTA DEGLI DEI

Volo AirFrance 4590

KENZA RASHID

Kenza Rashid è nervosa.

È normale che lo sia: è il primo giorno di lavoro, e i suoi 19 anni raccontano una storia fatta di poca esperienza in quel contesto, avendo passato la maggior parte della sua vita a studiare. Ma Kenza sa che deve farsi valere anche lì, come del resto le è capitato sempre.

Figlia di immigrati algerini di etnia berbera, la diciannovenne viene da una famiglia povera: il padre – benzinaio in pensione – e la madre casalinga vivono di sussidi statali, in un modesto appartamento di Garges-lès-Gonesse, cittadina-dormitorio situata a fianco all'aeroporto Le Bourget. Parigi a due passi, eppure così lontana.

Ma non pensa a questo, Kenza, mentre cammina spedita verso quella nuova avventura estiva.

Pensa al fatto che lo fa per la sua famiglia, per la quale è un pilastro: entrambi i genitori sono analfabeti, e lei deve fare tante cose per loro... Dalle bollette ai contratti, fino alla suddivisione delle medicine per la madre malata.

Ma oggi, anzi, in questi giorni, anche se sta andando a lavorare si sente un po' in ferie. I suoi sono tornati per qualche giorno a Bejaia, la loro città natale, come ogni estate. Questa volta Kenza non si è unita a loro: doveva finire il suo *baccalaureat* in Francese, e... un ottimo 15 su 20, alla fine! Ancora non aveva potuto dare la notizia a papà e mamma, ma saranno sicuramente fieri di lei – come le dicono sempre, del resto.

Ma ora basta con questi pensieri: davanti a lei il suo nuovo luogo di lavoro, la residenza Hotelissimo – giusto a sud dell'aeroporto di Roissy, l'enorme Charles De Gaulle. Qualche ora in turno, e poi alle 17 libera di vedere se qualche amica ha voglia di godersi una serata estiva in compagnia!

Nel 2000, all'alba del nuovo millennio, il futuro è ancora rappresentato da un oggetto meccanico progettato e costruito negli anni sessanta del novecento: il Concorde.

Risultato dello sforzo congiunto del consorzio anglofrancese formato da British Aerospace e Aèrospatiale, l'iconico velivolo è un concentrato di tecnologia, scienza e folle intuizione. La sua forma allungata, che termina con una protuberanza ben oltre il piano verticale della coda; la sua ala "a delta" con il profilo che inizia quasi in concomitanza con la cabina di pilotaggio e termina ai quattro quinti di poppa; il carrello a triciclo, con il braccio di prua quasi a metà, e i due posteriori sotto ai motori; quel muso allungato, "a becco"... Sono così tante le particolarità di questo mezzo, che è impossibile non riconoscerlo anche tra decine di altri velivoli.

E questo solo per quanto riguarda l'estetica. Il bello viene quando si parla delle sue caratteristiche... Non è un caso se – nonostante gli enormi costi di gestione e gli altissimi consumi – le due compagnie che lo utilizzano lo considerano il loro fiore all'occhiello. British Airways e Air France, infatti, non traggono grandi profitti dal suo utilizzo, e anzi la compagine francese lo fa volare in perdita, a partire dalla crisi del petrolio alla fine degli anni Settanta. Ma è un monumento semovente all'aviazione, e i quattordici esemplari in servizio rappresentano una vera e propria dichiarazione di grandezza.

È il 25 luglio del 2000, e all'aeroporto Charles de Gaulle, a Roissy, a nord di Parigi, stanno terminando i preparativi per uno degli iconici viaggi verso il JFK di New York. Il Concorde con registrazione F-BTSC di proprietà della Air France oggi è interamente prenotato per un volo charter della compagnia tedesca Peter Deilmann Cruises, per portare i 100 passeggeri a bordo verso la nave MS Deutschland ancorata nella Grande Mela, e da lì in una crociera di sedici giorni verso Manta, in Ecuador. Grazie all'inaudita velocità che raggiunge con i suoi 4 propulsori dotati di postbruciatori[36], e

---

[36] Postbruciatore: impianto utilizzato su alcuni motori aeronautici a reazione che permette di incrementare significativamente la massima spinta disponibile di un motore turbogetto o turboventola a scapito di un maggior consumo di carburante e relativa diminuzione dell'efficienza termodinamica.

all'incredibile quota di crociera, il volo previsto è di poco più di tre ore e mezza.

COSTRUZIONE DELL'INTERNO DI UN CONCORDE

Manca qualche minuto alle 16, e i 100 passeggeri prenotati stanno passando attraverso gli ultimi controlli prima di salire a bordo. C'è grande eccitazione, soprattutto per alcuni di loro. Non solo tra i bambini, come Michael Khale, di otto anni, o Katharina e Maximilian Eich, di dieci e sette anni. Ma anche e soprattutto nei sorrisi di due coppie di mezza età: Rolf e Doris Maldry, e i loro amici Klaus e Margret Frentzen. Per loro, modesti insegnanti in mezzo ad un gruppo di benestanti, quello è il sogno che stanno aspettando – e per il quale stanno risparmiando – da anni. Anzi, per i Frentzen è il viaggio di nozze che era stato a lungo rimandato a causa delle necessità date dalla nascita dei loro tre figli.

Chi non c'è, invece, è l'attore Guenter Pfitzmann – piuttosto noto in patria – che ha dovuto cancellare all'ultimo minuto la partenza a causa di un attacco cardiaco, per fortuna risolto senza troppi problemi. Alcuni dei viaggiatori avevano saputo che ci sarebbe dovuto essere anche lui, e sono un po' delusi...

In cabina del Concorde, nel frattempo, i tre membri dell'equipaggio stanno terminando i complessi controlli pre-volo necessari.

Il capitano è il cinquantaquattrenne Christian Marty, che da appena un anno ha completato il percorso per poter comandare un Concorde, ma che è anche uno dei pochi ad aver compiuto l'intero giro del mondo con quel mezzo.

Al suo fianco il primo ufficiale Jean Marcot, poco più giovane ma con già quasi tremila ore di volo sul jet supersonico. Alle loro spalle il cinquantottenne Gilles Jardinaud, con la compagnia dal 1968.

Marcot sta effettuando alcuni dei calcoli necessari per completare la checklist. E si accorge che qualcosa non torna: il peso massimo per il decollo – stando ai dati di cui è in possesso – è stato superato di 810kg. Ne parla con Marty, il quale però non sembra particolarmente preoccupato: non è una cosa inusuale, e quel tipo di differenza non comporta rischi, vista l'enorme potenza dei quattro motori Olympus – sviluppati da Rolls Royce e

CABINA DI PILOTAGGIO DI UN CONCORDE

Snecma più di trent'anni fa a partire dal progetto del bombardiere strategico Avro Vulcan.

"Useremo un pelo in più di pista per decollare", è il laconico finale di quella discussione. Del resto, non avendo flap a causa della conformazione a delta delle ali, il Concorde è solito comunque "andare lungo" e alzarsi in maniera molto brusca, con un

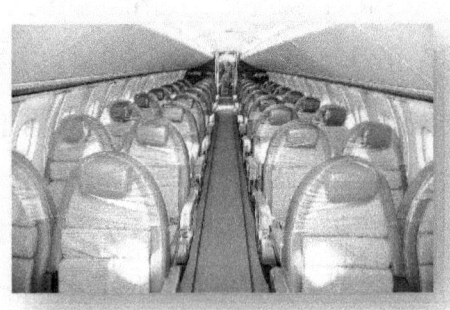

GLI INTERNI DI UN MODELLO DELLA BRITISH AIRWAYS

angolo di attacco particolarmente accentuato[37].

Alle 16 e 25 le operazioni di imbarco procedono spedite, aiutate anche dall'obbligo per i passeggeri di portare pochissimo bagaglio a bordo: lo spazio angusto del Concorde, con le venticinque file da quattro sedili ciascuna divise dal corridoio e inframezzate al centro dai due bagni, è reso ancor più ristretto dall'altezza massima di un metro e ottanta, con le cappelliere a scomparsa di dimensioni paragonabili solo ai minuscoli oblò.

Mentre gli occupanti iniziano ad accomodarsi al posto assegnato, si sente qualcuno – forse un ragazzino particolarmente curioso – sciorinare una serie di fatti che rendono unica l'esperienza del Concorde: la quota di crociera oltre i diciassettemila metri che rende visibile la curvatura terrestre, la velocità di crociera a 2.179km/h – pari a due volte la velocità del suono –, il fatto che a causa della forza centrifuga generata a quella velocità si perde oltre l'un percento del peso corporeo quando si viaggia verso oriente...

---

[37] Angolo di attacco (in inglese Angle of Attack, abbreviato AoA, chiamato anche α): in fluidodinamica indica l'angolo con cui un profilo alare fende l'aria.

Nel frattempo, i preparativi in cabina sono terminati. Alcune assistenti di volo controllano che i passeggeri abbiano trovato posto, mentre un'altra chiude il portellone. Il capitano, Marty, aziona uno degli elementi più particolari di quello strano uccello metallico: il meccanismo che fa abbassare l'intero cono della prua – per dare visibilità in decollo e atterraggio – e che verrà riportato in posizione una volta raggiunta una certa quota.

Un annuncio in cabina per il benvenuto, l'ok da parte del personale di terra, e poi il contatto con la Torre per poter andare in pista.

"Volo Airfrance 4590, raggiungete la pista 26 Destra, siete dopo quel DC 10 della Continental e dietro all'Alitalia".

Il Concorde si muove in quella maniera goffa che hanno certi uccelli che sono maestosi in volo, ma poco a loro agio quando devono stare attaccati al suolo. Il lungo carrello oscilla leggermente sull'asfalto dell'aeroporto.

Mentre Marty e il suo equipaggio attendono la partenza, e qualche stomaco tra i passeggeri ha le farfalle, dalla pista decolla il DC 10 della Continental.

La classica accelerazione, lo stacco e... un pezzo di metallo, lungo circa 40 centimetri e largo 3 si stacca dalla parte inferiore del motore di sinistra. Nell'aereo, diretto a Newark, si sente solo un lieve "clak". Nessun altro nota quella anomalia.

Il pezzo di titanio, spesso un paio di millimetri, scivola a grande velocità fino a fermarsi quasi a fondo pista, sul lato sinistro.

Decolla anche l'Alitalia, e il Concorde si allinea sul tracciato.

-

Kenza guarda l'orologio. Ancora una ventina di minuti... beh, è volato il tempo! Oggi ha già imparato un sacco di cose, grazie alla buona volontà che mette in tutto, e le colleghe sembrano gentili... Ewa e Paulina hanno la sua età, entrambe di origine ceca, e Rajeene ha fatto quello che si vede lontano un miglio sa fare meglio: la mamma! La quarantunenne originaria delle Mauritius è attenta, metodica e severa, ma si percepisce immediatamente che ha un cuore grande così...

Ancora venti minuti, e poi il primo giorno di lavoro sarà andato!

"Air France 4590, pista 26 destra, vento 0,90, 8 nodi, autorizzato al decollo".

Dalla Torre l'ok a partire, e Marty ripete il comando. In cabina un interruttore si muove.

"Tutti pronti?".

"Sì", dicono quasi all'unisono Marcot e Jardinaud.

Alle 16:42 e 26 secondi i motori cominciano il loro incredibile canto. "Verso il 100%. V1[38] a 150 nodi".

16:42 e 43 secondi: "Abbiamo quattro postbruciatori, Christian".

Il Concorde accelera appena vengono rilasciati i freni.

Alle 16:42 e 54 secondi Marty, come da procedura, annuncia: "100 nodi".

"Confermo. Quattro luci verdi ai motori".

---

[38] V1: Velocità, espressa in nodi, superata la quale, anche in caso di avaria, il decollo non è più annullabile. Viene calcolata in base al tipo di aereo, al peso al momento del decollo, alla lunghezza della pista e ad altri fattori.

16:43 e 3 secondi. "V1". Da questo momento non si può più abortire il decollo.

Il volo 4590 continua lungo la pista, allungando di parecchio la traccia segnata dagli altri velivoli: il carico eccessivo si sente anche con tutta questa potenza a disposizione. In più l'aereo si sta leggermente muovendo verso sinistra, in maniera un po' innaturale... di pochi gradi, ma il capitano corregge con lievi colpi di pedali.

Ore 16:43 e 9 secondi. Quasi a fondo pista, dopo aver percorso 1810 metri, il carrello sinistro urta il detrito caduto dal volo Continental, alla velocità di 329 km/h. Il pezzo di titanio lacera lo pneumatico, e i rottami vengono lanciati a grande velocità verso l'alto, dove si trovano i serbatoi pieni.

Un foro di alcuni millimetri si apre nella fusoliera, e il velivolo scarta verso sinistra. Marty corregge bruscamente.

"Concorde zero ... 4590, avete fiamme... avete fiamme dietro di voi". La Torre di Controllo avverte immediatamente l'equipaggio. Ma in cabina risuonano già gli allarmi dei motori uno e due, quelli a sinistra.

Ore 16:43 e 20 secondi. "Motore due in panne!".
A 205 nodi, quasi a fine pista, l'aereo si alza in volo trascinando dietro a sé una enorme scia di fuoco.

Cinque secondi dopo, viene dato l'ordine: "Procedura incendio". Vengono attivati gli estintori, e spento l'insistente allarme sonoro. "Motore due spento!".

IL VELIVOLO IN FIAMME SI STACCA DA TERRA, IN UNA IMMAGINE TRATTA DAL VIDEO FATTO DA UN PASSANTE

"Ritirare il carrello".

Le luci però non cambiano. Il carrello non rientra. "Il carrello... il carrello!" ordina Marty.

"No", è la laconica risposta di Marcot.

In cabina iniziano risuonare altri allarmi, tra cui quelli della toilette – forse a causa del fumo che è entrato nell'impianto di ricircolo d'aria.

"Indicatore di velocità!" è il richiamo del capitano.

L'uccello ferito annaspa mentre tenta disperatamente di salire, il muso tenuto in su alla ricerca di aria sulla quale arrampicarsi. Ma il motore due è ormai spento, e il motore uno funziona a tratti; il carrello inoltre crea ulteriore resistenza aerodinamica, rendendo impossibile l'ascesa. Le ali iniziano ad ondeggiare da una parte all'altra.

"De Gaulle servizio antincendio, autorizzati a rientrare su pista 26 lato opposto".

"No! Le Bourget, Le Bourget" suggerisce il primo ufficiale, intendendo l'aeroporto vicino.

"Troppo tardi per Le Bourget" risponde Marty, intento a mantenere in volo il suo Concorde, e senza rispondere alle chiamate di terra.

Il Concorde si piega verso sinistra, e inizia decisamente a perdere quota pur mantenendo la prua verso l'alto: non ha più portanza.

16:44 e 26 secondi: "Proviamo Le Bourget!", suggerisce nuovamente Marcot.

Risuona, altissimo, il TAWS: "Whoop Whoop pull up". Il sistema avverte che l'aereo sta andando incontro al terreno. Ma non c'è abbastanza velocità per alzarsi di più.

In cabina ora si sento solo i rumori dei motori feriti, quell'allarme, e il respiro affannato dei tre avieri che combattono con tutte le loro forze.

Un urlo è l'ultima cosa che viene registrata, prima dello schianto alle 16:44 e 31 secondi.

Il volo Airfrance 4590 precipitò quasi piatto poco a sud dell'aeroporto Charles De Gaulle, schiantandosi sull'edificio che ospitava l'Hotelissimo.

Le indagini risalirono a quel pezzo di metallo come causa dell'incidente, ma scoprirono anche che tra i rottami del Concorde mancava uno spaziatore del carrello sinistro, che venne poi ritrovato in un magazzino di un hangar. Questa anomalia fece ondeggiare il carrello di qualche grado sulla sinistra, aumentando lo spazio necessario per il decollo, già peraltro eccessivo a causa del peso eccedente al momento della partenza.

Si scoprì anche che, durante la sbandata verso sinistra, il Concorde andò per un attimo nella direzione di un aeroplano tra i cui passeggeri figurava l'allora presidente francese Jacques Chirac, di ritorno da un meeting in Giappone.

Il pezzo di metallo che si staccò dal volo Continental era stato sostituito già due volte nel mese precedente, a Tel Aviv e a Houston, ma quello installato nella città Texana non era del modello approvato, e peraltro fu adattato con una modalità differente rispetto a quella indicata dal produttore.

Come reazione all'incidente, tutti i Concorde furono tenuti a terra per più di un anno. Vennero riportati in aria l'11 Settembre 2001, proprio mentre nei cieli statunitensi si verificavano i catastrofici dirottamenti. Il 10 aprile 2003, sia British Airways che Airfrance dichiararono congiuntamente la dismissione di questo incredibile velivolo.

Nell'incidente del volo Airfrance 4590 tutti i membri dell'equipaggio e i 100 passeggeri perirono all'istante.

Ci furono anche quattro vittime a terra: tre giovani ragazze e una donna, che stavano terminando il loro turno di lavoro proprio in quei minuti. Queste ultime, che mai avrebbero potuto permettersi il costosissimo biglietto per il Concorde, non furono mai riconosciute tra i corpi straziati delle vittime.

RINGRAZIAMENTI

Un grazie particolare va a chi ha sostenuto questo progetto fin dall'inizio, su tutti: Pier Filippo Polidori, Diego Mandricardo, Enrico Bernardini.

Questo libro non sarebbe stato possibile senza il fondamentale contributo di Alessandra Collovini per la parte editoriale.

Ma il ringraziamento più grande va come sempre a Ilaria e Manuela, senza le quali – semplicemente – quasi nulla di quello che faccio sarebbe possibile. E a Koki, per aver dato alla vita un senso che non pensavo potesse avere…

© GIULIOMARIA GARBELLOTTO 2021
SCRITTO DA: GIULIOMARIA GARBELLOTTO
EDITING DEL TESTO: ALESSANDRA COLLOVINI

TUTTI I DIRITTI SONO RISERVATI. È VIETATA LA COPIA E LA RIPRODUZIONE, ANCHE SOLO PARZIALE, SENZA IL CONSENSO DELL'AUTORE.

LE FOTO SONO DI PROPRIETA' DEI RISPETTIVI AUTORI, E UTILIZZATE A PURO SCOPO ILLUSTRATIVO

PUOI SEGUIRE IL PODCAST QUI: www.ultimiattimi.it
E su Spotify, Spreaker, Amazon, Google Podcast, Apple Podcast, e tante altre piattaforme

www.ingramcontent.com/pod-product-compliance
Lightning Source LLC
Chambersburg PA
CBHW052349220526
45465CB00003BA/1020